国家自然科学基金项目（编号：71171135）资助
上海市重点学科（第三期）项目（编号：S30504）资助
教育部人文社会科学规划基金项目（编号：12YJA630132）资助
浙江省自然科学基金项目　（编号：Y6110841）资助

供需网企业专利协同
理论及其应用

王宪云　徐福缘◎著

科学出版社
北　京

内 容 简 介

本书提出了供需网企业专利协同的概念与原理，分析了供需网企业专利协同的机理及其形成机制、实现机制、进化机制和反馈机制，讨论了供需网企业专利协同的模式和专利协同管理的协同效应识别及评价；在对我国专利事业发展现状及问题分析的基础上，探讨了供需网企业专利协同管理的一些应用问题。

本书可为政府有关部门制定专利发展政策提供借鉴，为企业决策者制定专利发展战略提供参考，也可为从事专利管理研究的专业人员提供参考。

图书在版编目（CIP）数据

供需网企业专利协同理论及其应用/王宪云，徐福缘著．—北京：科学出版社，2012.6
ISBN 978-7-03-034785-5

Ⅰ．①供⋯　Ⅱ．①王⋯②徐⋯　Ⅲ．①企业管理-专利-研究-中国
Ⅳ．①G306.3②F273.1

中国版本图书馆 CIP 数据核字（2012）第 125306 号

责任编辑：侯俊琳　汪旭婷　王昌凤／责任校对：郑金红
责任印制：吴兆东／封面设计：无极书装

科学出版社 出版
北京东黄城根北街 16 号
邮政编码：100717
http://www.sciencep.com
北京凌奇印刷有限责任公司印刷
科学出版社发行　各地新华书店经销

*

2012 年 7 月第　一　版　开本：720×1000　1/16
2025 年 5 月第五次印刷　印张：11
字数：180 000
定价：58.00 元
（如有印装质量问题，我社负责调换）

前　言

经济、科技全球化和互联网的普及，使得企业之间的合作日益加强。与此同时，发达国家跨国公司通过专利联盟垄断市场利润的趋势日益明显，发达国家对中国企业频频发动标准和专利战。集技术、经济、法律三位一体的专利，囊括了全球 90% 以上的最新技术情报，已日益成为企业最核心的战略资源，培育专利优势成为企业提升核心竞争力的必然选择。一方面，我国企业面临来自外界日益增加的压力和挑战，已经有合作进行专利建设和保护方面的强烈需求；另一方面，现代产品往往是许多技术的集成，而这些技术往往不可能由一家企业独立完成，因此，需要企业间协同创新，协同管理专利资源。然而，自多功能开放型企业供需网（Supply and Demand Network with Multi-function and Opening Characteristics for Enterprises，简称供需网）模式被提出至今，尚未有对供需网企业专利资源的协同管理问题开展系统化的研究。因此，本书以供需网理论为基础，以协同论和专利联盟理论为主线，采用跨学科方法，对供需网企业专利资源的协同管理及其应用进行较为系统的探讨。

本书部分成果来自于作者近年主持和参与的国家"863"计划项目（项目号：2007AA04Z101）、国家自然科学基金项目（编号：71171135）、上海市重点学科（第三期）项目（编号：S30504）、教育部人文社会科学规划基金项目（编号：12YJA630132）和浙江省自然科学基金项目（编号：Y6110841），在此特别感谢课题组其他成员的努力和贡献。还要感谢科学出版社科学人文分社侯俊琳社长和汪旭婷编辑为本书出版提出的宝贵意见和周到的安排。本书主要探讨了供需网企业专利资源的协同机理、模式及其应用，旨在进一步发展和充实供需网企业协同管理理论、丰富供需网企业实施专利资源协同管理的方法和技术，从而提升企业的专利资源协同管理水平，并期望能够为政府有关部门制定专利发展政策提供借鉴和参考。

本书具体在以下几个方面做了探索性研究工作：

第一，界定了供需网企业专利资源协同的概念，提出了供需网企业专利资源协同的原理；依据协同学原理，从协同层次维度、协同主体维度和协同内容维度构建了供需网企业专利协同的概念模型；构建了供需网企业专利资源协同管理的过程模型，探讨了供需网企业专利资源协同管理的实现途径。

第二，分析了供需网企业专利协同的机理，深入探讨了供需网企业专利资源协同管理的形成机制、实现机制、进化机制和反馈机制，这四种类型的机制相互联系和渗透，构成一个复杂而不断向有序发展的系统网络，为供需网专利及其相关资源协同的形成及发展提供良好的环境，有利于实现供需网的整体目标。

第三，讨论了供需网企业专利协同的模式。首先，基于行为视角分析了供需网专利资源协同的三种模式；其次，基于组织视角分析了供需网成员企业间的专利资源协同模式，以及供需网成员企业内的专利资源协同模式；最后，提出了供需网专利资源协同管理的"5C2P"综合模式，即"5协同+双平台"模式。

第四，探讨了供需网企业专利资源协同管理的协同效应识别及评价，在分析供需网企业专利协同效应的实现机制基础上，构建了供需网企业专利协同效应指标体系以实现协同效应的识别，最终构建了供需网企业专利资源协同效应评价模型，以实现对供需网专利资源协同管理的协同效应的评价。

第五，在对我国专利事业发展现状及问题进行分析的基础上，探讨了供需网企业专利协同管理的一些应用问题，主要分析了供需网企业专利协同利用、协同保护和协同创造三个方面的内容，并针对一些典型企业的专利协同实践进行了有益的讨论。

由于笔者水平有限，本书中可能存在一些不足之处，敬请广大读者批评指正。

作　者

2012 年 3 月

目 录

前言 ·· i

第一章 绪论 ·· 1
 第一节 网络经济与企业管理创新 ··· 1
 第二节 供需网及其协同管理 ·· 7
 第三节 专利及其协同管理 ·· 12
 第四节 供需网和专利的交叉研究现状 ···································· 18
 第五节 研究内容及方法 ··· 20

第二章 供需网企业专利协同管理概念及原理 ······································ 24
 第一节 供需网概念及其特征分析 ··· 24
 第二节 供需网企业概念、特征及分类 ···································· 27
 第三节 供需网企业专利协同的概念模型 ································ 35
 第四节 供需网企业专利协同的三大原理 ································ 45
 第五节 供需网企业专利资源协同管理的过程模型 ·················· 53

第三章 供需网企业专利协同的机制模型 ··· 57
 第一节 供需网企业专利资源协同管理的形成机制 ·················· 58
 第二节 供需网企业专利资源协同管理的实现机制 ·················· 64
 第三节 供需网企业专利资源协同管理的进化机制 ·················· 75
 第四节 供需网企业专利资源协同管理的反馈机制 ·················· 79

第四章 供需网企业专利协同的模式 ·· 83
 第一节 基于行为视角的供需网专利资源协同模式 ·················· 83
 第二节 基于组织视角的供需网专利资源协同模式 ·················· 89
 第三节 供需网专利协同管理的"5C2P"综合模式 ···················· 91

第五章　供需网企业专利协同效应及其评价 ·········· 107
第一节　供需网企业专利协同效应的实现机制 ········ 108
第二节　供需网企业专利协同效应的识别体系 ········ 116
第三节　专利协同效应的模糊综合评价模型 ·········· 124

第六章　供需网企业专利协同管理的应用 ············ 136
第一节　我国专利事业发展现状及问题分析 ·········· 136
第二节　供需网企业专利协同应用的内容 ············ 142
第三节　企业专利协同实践及讨论 ·················· 149

参考文献 ·· 159

第一章

绪　　论

互联网的诞生及飞速发展催生了网络经济，日益呈现出社会信息化和经济信息化的趋势。在网络经济背景下，发展创新经济已成为我国各级政府、行业和企业界的共识，这使得专利等知识产权的价值日益彰显，政府、行业和企业合力打造区域专利优势成为明智而现实的选择。本章将介绍网络经济概念、特征及网络经济背景下企业的管理创新，系统分析供需网及其协同管理、专利协同管理的国内外研究现状，对供需网及专利的交叉研究方面的国内外研究现状作出概括性的阐述，并最终指出本书的研究内容及采取的研究方法。

第一节　网络经济与企业管理创新

一、网络经济及其特征

（一）网络经济的概念

国内外学者从不同的视角给出了网络经济的诸多描述，但总体上可界定为两大类：一是从狭义的视角来分析，认为网络经济就是以计算机网络为核心的信息产业群；二是从广义的视角来分析，认为网络经济应该是包括社会再生产各环节在内的一个总体经济的概念。综合众多学者的观点，本书认为网络经济是以信息流为核心的经济，是通过网络（尤其是互联网）在社会经济各领域中的普遍应用，使得信息、知识的采集、处理、传递和应用成本大幅度下降,呈现出以信息、知识为核心生产要素的全球化新经济形态。从内涵上看,网络经济不仅是指以计算机为核心的信息技术产业的兴起与快速增长,也包括以现代计算机技术为基础的整个高新技术产业的崛起和迅猛发展,更包括由高新技术的推广和运用所引起的传统产业、传统经济部门的深刻的革命性变革和飞跃性发展。从本质上看,网络经济是一种以信息技术为基础,以信息、知识要素为主要驱动因素,以信息网络(主要是互联网及相应的计算机网络)为基本生产工具的新的生产方式。网络经济得以产生和发展的物质环境基础是信息网络的形成与普及(信息高速公路),网络经济迅速发展的产业基础则是信息产业的发展,其商务基础则可界定为全社会电子商务的广泛应用。

(二)网络经济的特征

网络经济具有以下显著的特征。

1. 快捷性

互联网使世界发生的根本性变化之一就是消除了人们的时空感。20世纪80年代注重质量,90年代注重再设计,21世纪的头10年则是注重速度的时代。因此,网络经济的特征之一应是对市场变化高度灵敏的"速度经济"。

2. 高渗透性

飞速发展的信息技术、网络技术呈现出极高的渗透性功能,使得信息服务业迅速地向第一、第二产业扩张,出现了第一、第二和第三产业相互融合的趋势。美国著名经济学家马克·波拉特于1977年出版了题为"信息经济"(*The Information Economy*)的九卷本报告,第一次采用四分法把产业部门分为农业、工业、服务业、信息业,并把信息业按其产品或服务是否在市场上直接出售,划分为第一信息部门和第二信息部门。

3. 自我膨胀性

网络经济的自我膨胀性突出表现在四大定律上。

一是摩尔定律（Moore's Law）。它是以英特尔公司创始人之一戈登·摩尔的名字命名的，该定律认为计算机芯片集成电路上可容纳元器件密度，每18个月左右就会翻一番，而与此同时，性能也会提升一倍。多年的实践证明，这一预测还是比较准确的，预计在未来仍有较长时间的适用期。

二是梅特卡夫法则（Metcalf's Law）。该定律认为网络经济的价值等于网络节点数的平方，即网络价值以网络用户数量的平方的速度增长。从目前的趋势来看，互联网用户大约每隔半年增加1倍，而互联网的通信量百日翻一番，这种宇宙大爆炸式的持续增长必然会带来网络收益的快速增加。

三是马太效应（Matthew Effect）。该定律是指在一定条件与范围下，人类社会中优势与劣势的累积过程是有偏向的，优势或劣势一旦出现并达到一定程度，就会导致不断加剧而自行强化，即优者更优，劣者更劣。

四是吉尔德定律（Gilder's Law）。据美国激进的技术理论家乔治·吉尔德预测：在未来的25年，主干网的带宽将每6周翻一番，而随着通信能力的不断提高，每比特传输价格朝着免费的方向下跌，费用的走势呈现出"渐近曲线"（asymptotic curve）的规律，价格点无限接近于零。

以上网络经济的四大定律不仅展示了网络经济自我膨胀的规模与速度，而且提示了其内在的规律。

4. 边际效益递增性

不同于工业社会的边际效益递减规律，网络经济呈现出明显的边际效益递增性。首先，网络经济边际成本递减，即信息网络的平均成本随着入网人数的增加而明显递减，而其边际成本随之缓慢递减，但网络的收益却随入网人数的增加而同比例增加，网络规模越大，总收益和边际收益就越大；其次，网络经济具有累积增值性，也就是说，在网络经济中，对信息的投资不仅可以获得一般的投资报酬，还可以获得信息累积的增值报酬，信息使用规模的不断扩大可以带来不断增加的收益。

5. 外部经济性

工业经济带来的主要是外部非经济性，但网络经济却主要表现为外部经济性。网络形成的是自我增强的虚拟循环，成员增加则价值提升，并进而吸引更多的成员，网络成为"特别有效的外部价值资源"。

6. 直接性

网络的飞速发展促使经济组织结构趋向扁平化，处于网络端点的生产者与消费者可直接联系，减少了许多中间环节，从而显著降低了交易成本，提高了经济效益。网络经济是建立在网络上的更高层次的直接经济，将工业经济中迂回曲折的各种路径重新拉直，并对信息流、物流、资本流之间的关系进行历史性重构，压缩甚至取消不必要的中间环节。

7. 创新性

网络经济的核心是创新。高科技催生的网络经济激发了企业的创新精神，企业普遍重视研发和教育培训，加大研发资金投入和创新型人才的引进培养力度，进行持续的技术创新及相应的制度创新、组织创新等，千方百计培育自身的知识产权优势。

二、网络经济背景下的企业管理创新

网络经济时代，社会信息化和经济信息化的趋势日益明显，已经突破了时间和空间对资源获取的限制，以全球资源获取、全球制造、全球营销为根本特征的经济全球化格局已逐渐形成。大量的物资和信息将会在跨地区、跨国家的广泛区域内交换、流动和储存，这就使得传统的企业管理模式日益不能适应当前经济全球化的市场环境。因此，为适应全球化发展趋势下企业竞争和发展的新需要,企业必须进行全方位的管理创新。

1. 管理理念创新

网络经济条件下,企业不应该再追求大而全或小而全,而应该树立合作共赢意识,在保留自身核心技术的基础上,把各种合作企业紧密地纳入供需网,强调合作,弱化竞争,共同发展,获得共赢。2001年徐福缘教授研究团队提出的"多功能开放型企业供需网(Supply and Demand Network with Multi-function and Opening Characteristics for Enterprises,简称供需网或SDN)模式",便是网络经济背景下企业管理的新理念。徐福缘等(2007)在《多功能开放型企业供需网及其支持系统研究:国家自然科学基金项目(70072020)回溯》一文中提出了供需网的概念,认为它是指以全球资源获取、全球研发、全球设计、全球制造、全球物流、全球销售为目标,相关企业之间由于"供需流"的交互作用而形成的一种多功能开放式供需动态网络,其管理理念更强调协同,这种协同不仅是企业内、企业间的协同,而且也是供应链与供应链之间的协同。供需网因具备网络性、多功能性、开放性、动态稳定性等根本特征,因此能够有效整合企业外部资源,从而有利于构建供需网企业专利资源的协同管理机制。

2. 营销创新

营销创新是指营销策略、渠道、方法、广告促销策划等方面的创新。互联网作为一种不同于传统媒体的新型媒体,能够以声音、影像、图片、动画等多种媒体形式高速、大量传递信息与知识,具有快捷省时、利用方便、成本低廉等特点,互联网已经成为许多企业的新的促销媒体和分销渠道。除了实物产品的运输,所有的营销活动都需要借助互联网实现。没有店铺、工厂,以网络作为营销活动空间的虚拟公司也已大量出现。互联网使得企业和消费者的关系转变为生活服务者和生活者的关系,这种变化导致了营销传播模式的革命。在此背景下,中国学者陈刚教授提了"创意传播管理理论",它强调企业必须进行管理创新,设立专门的传播管理部门,对传播进行管理,在此基础上开展创意传播;依托创意传播的核心要素——沟通元,运用多种形式,触发数字生活空间的生活者不断分享和协同创意,共同不断创造有关企业产品和品牌的积极的、有影响力的内容。

3. 组织与制度创新

以信息网络化为基础的电子商务将极大地变革传统的企业经营模式,突破常规的交易模式和市场局限。借助于因特网企业能够通过供应链管理(Supply Chain Management,SCM)急剧降低成本,极大提升客户关系管理(Customer Relationship Management,CRM)水平并获得更高的顾客满意度,突破时空限制进入全球新的市场,创造新的收入渠道,并最终重新界定它们所经营的业务的本质。企业运用信息化、网络化手段能够显著提高企业的组织效率,减少管理层次和管理职能部门,促使企业组织结构扁平化、高效化。

4. 产品与服务创新

对于工业企业而言,企业创新是产品创新;对于金融服务而言,则主要是服务创新。以手机的更新演变为例,从模拟机→数字机→可视数字机→可以上网的智能手机,手机的更新演变生动彰显出网络经济背景下产品的创新是多么迅速而高效。在网络经济背景下,创新与知识已日益成为企业最核心的生产要素及获取利润的首要资源,企业之间的竞争最终都落到知识管理的层面上,企业管理的重点是知识的开发、交流、共享,尤其是隐性知识挖掘及显性化等内容。具体而言,网络经济背景下的产品与服务创新应该包括三方面:第一,以大规模定制代替大规模生产,即个性化定制和大规模生产完美融合;第二,以服务经济代替产品经济,服务业将会替代制造业成为经济中心,并最终使得国民经济以服务业为主导;第三,以虚拟经营代替实体经营,虚拟企业逐渐成为市场中的主体,这种企业经营形式对企业的技术开发、资源的优化组合、市场拓展、共同筹资、机构经济、专业化生产、多元化经营、企业成本的降低等方面都是十分有利的。

第二节 供需网及其协同管理

一、供需网及其协同管理的国外研究现状

目前，国外学者的相关研究主要集中在供应链与供应链管理领域，研究文献大致可归纳为九个方面：供应链管理的概念及内涵、设计与重构供应链、供应链物流、供应链战略合作关系、供应链的信息共享及其IT运用、供应链客户价值创造、供应链建模与复杂性研究、供应链绩效评价及供应链协同管理。在这九大研究领域中，国外学者已取得了丰硕的研究成果，但也存在一些问题或不足，主要表现为：①对供应链的理论研究和实际运作很少涉及三级以上的复杂网络拓扑结构的供应链，大多局限于制造商与销售商、制造商与供应商等层级较低的情况，对三级以上的复杂网络拓扑结构的供应链管理研究，难得发现多周期、多产品的模型和算法，主要是以单周期、单一产品为背景；②涉及非对称信息的协同/协调的研究较少，协同/协调机制缺乏统一的数学描述，企业间协调机制的契约实现研究需要加强对相关法律、政策、社会等问题的探索；③目前大多数的理论模型都是基于信息完全共享假设，这与信息共享程度低是影响供应链整体效率重要原因的事实不符；④缺乏供应链整体评价系统，这就很难从根本上保证合作伙伴的信息共享，更难实现供应链整体目标最优化；⑤将供应链作为市场竞争主体的研究较少，能够进行实际操作的理论和方法则更少。

国外一些学者从复杂适应系统和非线性的视角开展对供应链与供应链管理的研究，可以看做是供需网研究的萌芽。例如，Fisher（1997）提出

供应链的设计应以产品为中心；Choi 等（2001）将"supply networks"看做是复杂适应系统；Gulati 等（2000）则提出了"strategic networks"的理念。他们都是基于非线性化的视角对传统供应链的模式进行了改造，而且探索超出联盟范畴的逐步开放，朝着多行业的角度发展，但是他们的"网"仍然以物流功能作为其主要功能，而且开放程度仍然相对有限，难以适应动态变化的全球化环境。

二、供需网及其协同管理的国内研究现状

为了适应动态变化的全球化环境，2001 年徐福缘教授领导的团队提出了新型企业合作模式——供需网模式。目前，对供需网理论的研究已取得了比较丰硕的成果，可归纳为以下几个方面：一是对供需网的概念、内涵、特征及网络结构模型的研究；二是利用复杂适应系统理论对供需网的复杂性开展研究，利用重复博弈理论对供需网的稳定性进行研究；三是对供需网的管理问题进行研究，具体包括供需网的合作伙伴关系管理、合作伙伴间利益分配管理、协商管理和风险管理等；四是研究了供需网的协同管理技术，主要是基于 Web 服务和多 Agent 工作流技术；五是供需网与大批量定制的整合以及供需网企业实施大批量定制（Mass Customization, MC）的信息化概念及模型的研究；六是传统企业向供需网企业转变的系列研究。

例如，徐琪等（徐琪和徐福缘，2003；徐琪和徐福缘，2004；徐琪等，2004）发表了《多 Agent 企业供需网协调管理机制研究》、《基于智能主体的供需网协作技术》、《开放多 Agent 企业供需网协同过程研究》和《企业供需网及其协同管理》等论文，提出了供需网协同管理的概念，构建了面向 Web 服务、基于多智能体的供需网协同管理的框架，研究了多 Agent 的供需网的协作机制和基于 XML（extensible Markup Language）的通信机制，给出了 Agent 与 Web 服务集成的方法。

孙纯怡（2003）在其撰写的硕士学位论文《多功能开放型企业供需网的机理、应用及其支持系统研究》中，利用系统学有序演化的原理分析了

供需网形成机理,并结合微分动力学模型证明了供需网形成的必然性,进而研究了供需网的构建和管理问题,建立了供需网构建过程的 IDEF① 模型。

何静等(何静和徐福缘,2003;何静和徐福缘,2005;何静,2004)发表了《多功能开放型企业供需网成员企业合作关系的经济模型》、《多功能开放型企业供需网的若干重要问题研究》和《SDN 及其内部合作伙伴关系的博弈分析》等论文,在对供需网经济学特性分析的基础上,建立了供需网成员企业合作关系的经济模型;研究了供需网解决供应链瓶颈问题的机理和供需网协同发展的机理;研究了供需网的收益分配和风险管理问题;提出了第三方集成化供需管理平台(Third-party Integration Platform of Supply and Demand Management,3PSDI)的概念,并分析了 3PSDI 的特点,进而详细阐述了 3PSDI 的构建过程。

罗艳和徐福缘(2003)在《基于智能自主体的供需网环境下企业动态结构研究》一文中运用共生理论对供需网成员企业之间关系和供需网的静态结构模型进行了研究;运用复杂适应系统理论分析了供需网的复杂性特征,得出了供需网是一个典型的复杂适应系统(Complex Adaptive Systems,CAS)的结论,并建立了供需网作为复杂适应系统的回声模型;进而研究了供需网微观企业主体的结构建模和企业动态合作子网的形成与演化建模。

倪明(2006)在其撰写的博士学位论文《SDN 企业实施 MC 的信息化模型设计及应用研究》中,从实施大批量定制的人力资源子系统、物流子系统和财务子系统三个信息化子系统的视角深入研究了供需网企业实施大批量定制的信息化概念及模型。

唐卫宁和徐福缘(2006,2007a,2008)发表了《多功能开放型企业供需网与大批量定制的整合研究》、《基于综合集成研讨厅的供需网管理研

---

① IDEF 是 ICAM Definition Method 的缩写,是美国空军于 20 世纪 70 年代末 80 年代初 ICAM(Integrated Computer Aided Manufacturing)工程在结构化分析和设计方法基础上发展的一套系统分析和设计方法。

究》以及《基于语义网的供需网知识协同》等多篇论文，开展了供需网与大批量定制的整合研究，认为供需网管理是实现大批量定制的根本，提出了用供需网理念推进大批量定制的实施方法，进而对供需网与大批量定制的集成进行了详细的分析；构建了一个供需网管理的综合集成研讨厅概念模型，分析了供需网管理综合集成研讨厅的关键问题，如定性到定量的转换、综合集成等；提出了一个基于语义网的供需网知识协同框架和层次体系结构，设计了一个供需网本体转换模型。

刘亮（2006）在其撰写的博士学位论文《面向供需网协同的汽车工业生产计划和控制方法研究》中，针对供需网协同管理，构建了汽车工业供需网协同生产计划和控制理论框架体系，重点阐述了汽车工业供需网内各成员企业间以及整车厂内部的协同生产计划和控制的理论方法，并研究了其中的关键技术。

李晓梅（2007）的博士学位论文《基于供需网的汽车制造供应商选择评价及协同对策研究》，在对10家国内自主品牌与合资品牌汽车企业进行系统调研的基础上，构建了以汽车制造企业为核心的汽车供需网协同管理模型，并针对汽车制造企业产品全生命周期进行了业务核心型、业务贯穿型和业务支持型三类组织的相互协同关系研究；同时，分别针对研发、采购、生产和销售等业务核心型组织，规划、质量、物流和财务等业务贯穿型组织，以及综合管理及企业文化、信息化和环境等业务支持型组织的自身能力与协同能力相关指标进行了确定与说明，并最终构建了供应商选择评价体系。

刘彩虹和徐福缘（2008a，2008b，2008c，2009）发表了《从混沌看SDN系统的演变》、《SDN子网进化博弈研究》、《供应链系统转变为供需网系统研究》、《供应链企业向供需网转变的目标行为仿真建模》等传统企业向供需网企业转变的系列研究论文，从混沌视角探讨供需网系统的演变，建立了供需网系统的混沌模型，并模拟出供需网系统的非线性演化规律；提出了供需网子网的进化博弈模型以及合作博弈策略混沌演化的数学模型，进而利用该数学模型生成了合作博弈的混沌演化模拟图，佐证了供需网子网的混沌演化规律；利用企业节点数据化，通过企业节点的改造及供应链节点与供需网的连接操作达到供应链系统向供需网系统转变的目的；提出了仿真转变行为辅助企业决策的思路，针对供应链企业向供需网转变的典型的行为目标，分别建立了对应的智能体模型，并针对战略关系网的形成进行了实例仿真，验证了该研究的实用性。

刘彩虹和徐福缘（2008d）在《供需网子网内部智能风险预测模型研究》一文中，开展了供需网子网的内部风险的研究，建立了智能体计算风险预警值的数学模型，并进一步从实践的角度，研究了该智能体的定义形式和其部分实现代码。

何建佳等（2011）在《复杂供需网下的企业信用风险因素研究》一文中，用系统工程理论，建立企业信用风险因素的多阶解释结构模型，并通过对要素间纵横向关系的比较，得出企业信用风险因素之间的结构关系图，为降低企业运营过程中信用风险的发生提供了依据。

何静（2009）在《多功能开放型企业供需网的稳定机理研究》一文中，运用重复博弈理论，论证了供需网的稳定性，进一步论证了供需网理念将成为企业"合作共赢"思想发展的新方向。

徐倩倩（2010）在其硕士学位论文《基于供需网视角的胶东半岛制造业基地建设研究》中，进行了完善供需网理论的初步探索，并基于供需网视角，构建了胶东半岛制造业基地立体多核式网络发展模型，并以此为基点，对胶东半岛制造业基地聚集效应进行分析。

以上这些关于供需网理论研究的文献提出了诸多有价值的结论，但也还存在一些不足：缺乏针对专利资源的特殊性来研究供需网协同问题；大多数局限于单一物流功能的协同与优化；在协同技术层面，目前的研究主要集中在 Agent 技术、XML、工作流等协同技术的研究，缺乏综合利用语义 Web 服务、本体、Agent 等技术来解决供需网企业间协同管理问题的系统研究。

第三节　专利及其协同管理

一、专利及其协同管理的国外研究现状

在全球化的大潮下，世界范围内掀起了新一轮的产业调整。发展中国家和地区的企业更多地集中于一般制造领域，而发达国家跨国公司则越来越集中于技术的研发，并积极申请专利，通过不断调整技术标准和收取高额专利费用，"压榨"生产企业大部分的利润，最终迫使生产企业挂上跨国公司的商标，成为他们的生产车间，并将市场风险最大限度地转移给这些生产企业（刘林青和夏清华，2006）。

以单项专利竞赛为特征的战术竞争正转向以专利组合为特征的战略竞争。Wagner 和 Parchomovsky（2000）提出的专利组合理论认为，以单项专利为主导的时代已经过去，在新的专利世界中整体（专利组合）的价值将远远大于局部（单项专利）价值之和。例如，6C[①]专利联盟对我国 DVD 企业收取的专利特许费，其后引发的我国众多高科技产业的专利特许费危机，无不与专利组合有关（刘林青，2005）。专利与标准的融合趋势：专利战略和标准战略的融合已经成为国外企业关注的焦点。例如，制造微处理器的英特尔公司通过从 IBM 公司获取许可证后，制造了能被几乎所有 IBM 兼容机采用的微处理器，进而综合专利战略，确立了业界"标准"，迫使除苹果以外的公司都采用英特尔芯片，所有新机型的技术规范设计都围绕英特尔的标准进行，最终掌握了该领域技术标准竞争的主动权（王黎萤等，2005）。

---

① 6C 专利联盟指由日立（Hitachi）、松下（Panasonic）、东芝（Toshiba）、胜利株式会社（Victor Company）、三菱电机（Mitsubishi Electric）、时代华纳（Time Warner）6 大技术开发商结成的专利保护联盟。

Trappey 等（2006）、Kim 等（2008）、Tseng 等（2007）、Daim 等（2006）分别利用神经网络技术、模式识别技术、目录学等研究了专利资源管理问题。Soo Von-Wun 等（2006）提出了一个协同多智能体平台，支持基于专利文件分析的创新过程；它帮助企业的知识管理者获取和分析现有的专利文件，利用本体和自然语言处理方法从专利中抽取结构化信息，通过代表各领域专家的软件智能体辅助进行发明工作。目前，学术界和实践界主要集中在对专利联盟（patent pool）的研究方面，它是专利权人授权联盟管理机构营销及打包许可其知识产权的联合组织（Brenner，2009）。关于专利联盟国外分别从专利联盟的垄断性、专利联盟的形成和专利联盟的资源基础等视角进行研究。以下是国外专利联盟这三大方面的研究现状及简要述评。

1. 专利联盟的垄断性研究

由于涉及专利权滥用（patent abuse）问题，专利联盟一直是各国反垄断机构审查的重点对象，而专利联盟的垄断性问题也是学者对专利联盟研究的热点之一。专利联盟垄断性问题的相关研究大致经历了三个阶段。表1-1 主要以美国为例归纳了这三个阶段关注的焦点。

表1-1 专利联盟垄断性问题研究进展

序号	代表学者	代表文献	关注焦点
1	Andewelt（1984）	Analysis of Patent Pools under the Antitrust Laws	美国反垄断机构对专利联盟态度的演变
	Kaplow（1984）	The patent-Antitrust Intersection: A Reappraisal	
	Calson（1999）	Patent Pools and the Antitrust Dilemma	
2	Merges（1999）	Institutions for Intellectual Property Transactions: The Case of Patent Pools	美国司法部反垄断司对近年来高科技产业内形成的专利联盟的审查
	Newberg（2000）	Antitrust, Patent Pools and the Management of Uncertainty	
	James J.（2002）	Comments on Patent Pools and Standards for Federal Trade Commission Hearings Regarding Competition & Intellectual Property	

续表

序号	代表学者	代表文献	关注焦点
3	Carl Shapiro(2001) Richard (2004) Josh Lerner(2004)	Navigating the Patent Thicket: Cross Licenses, Patent Pools, and Standard-Setting Patent Pools: 100 Years of law and Economic Solitude Efficient Patent Pools	从经济学角度分析专利联盟垄断性问题

如表1-1所示,在专利联盟垄断性问题研究的最初阶段,许多法学学者研究了美国反垄断机构对专利联盟态度的演变。近年来,国外法院对专利联盟态度的变化也吸引了许多经济学者对专利联盟垄断性问题的关注。Shapiro(2001)提出现代高科技的发展带来了"专利丛林"(patent thicket)问题,他认为当专利联盟内的专利完全是互补型专利,那么专利联盟将有利于竞争,增加社会福利;如果专利联盟内的专利是竞争型专利,那么专利联盟将不利于竞争,降低社会福利。Richard(2004)认为,专利联盟内专利之间的关系是判断其是否具有垄断性的重要影响因素;同时,他通过一个专利联盟垄断性评价指标体系和评价模型,对美国历史上的专利联盟进行了实证分析。Josh和Jean(2002)对专利联盟的垄断性问题作了较为系统的经济模型分析,他们认为专利联盟内的专利是竞争专利还是互补专利,很大程度上取决于专利许可费的高低。

2. 专利联盟形成问题研究

Merges等(Merges and Nelson, 1990; Merges, 1999)指出,目前有许多专利联盟是在形成行业标准的驱动下成立的。Robert(1999)认为,产品的多专利持有问题是传统的专利制度没有考虑到的,并认为专利联盟可以降低专利许可的交易成本,这是前后专利持有人之间达成的契约来实现的。Michael等(Michael, 1998; Michael, 1999; Michael and Rebecca, 1998)也对上述问题进行了研究,他们主要利用了反公共品理论。Shapiro(2001)指出当前专利制度在生产的专利许可问题、敲竹杠问题情况下提高了交易成本,他认为,需要通过专利制度的改革改变上述情况,但是,企业也可以通过加入专利联盟来降低上述交易成本。Deepak 和 David

(2001)研究了产品多专利持有的组织模式问题。Layne-Farrar 和 Lerner 以电子信息领域与 9 个最重要专利联盟相关的 170 家专利持有企业为样本,对联盟形成的影响因素进行实证研究,结论表明企业业务模式、专利价值分布和联盟收益分配规则三方面因素会影响专利联盟的形成(Layne-Farrar and Lerner,2008)。这些文献说明,专利联盟是一种新的制度安排,是企业市场交易行为的一种补充,针对的是企业之间市场交易关系契约不完备性状态。不同企业通过组建专利联盟,可以确立较为稳固的合作伙伴关系,从而减少签约费用并降低履约风险,更为重要的是专利联盟顺应了企业节约市场交易费用的现实需求。

3. 专利联盟的资源基础理论研究

Wernerfelt(1984)发表在 *Strategy Management Journal* 上的文献 *A Resource-Based View of the Firm*,成为资源基础理论研究的奠基之作;Barney(1991)将企业资源分成三类,分别是物质资本资源、人力资本资源和组织资本资源;Barney(1986,1992)进一步认为有价值、难以模仿、组织导向的稀缺资源是支撑竞争优势的资源;Dierickx 和 Cool(1989)指出支撑竞争优势的资源是企业专属的资源,它应该是不可交易的;Miller 和 Shamsie(1996)认为专利资源是以"产权为基础的资源";企业通常希望寻找那些拥有稀缺、有价值和难以模仿资源的企业作为联盟对象(Gulati et al.,2000);Mowery 等(1996)将非股权联盟分为两种,认为当合作双方为联盟贡献的资源都基于产权(如专利)时,基于单方契约的联盟将成为首选。

二、专利及其协同管理的国内研究现状

国内对专利协同管理的研究文献很少,研究领域很分散。例如,在论文《基于多 Agent 的专利资源协同获取模型研究》(梁莹和徐福缘,2009a)、《企业间专利资源协同管理研究》(梁莹和徐福缘,2009b)和《企业间专利资源协同管理探析》(陈荔等,2011)中,根据专利资源协

同管理的总体设计方案，提出了一种基于多 Agent 的专利资源协同获取模型，据此可以方便地实现对企业间专利信息的协同获取和整理，有利于提高专利资源协同管理的效率；阐述了企业间专利资源协同管理的主要内容、研究方法和步骤，并结合海尔集团的应用需求展望了企业间专利资源协同管理的前景；讨论了当今国内外企业间专利资源协同管理的一些动向，分析了传统协同管理的局限性，进而提出了基于"充分合作与共赢"基础上的专利协同管理的思路与对策。顾新建等（顾新建和祁国宁，2008；顾新建，2009）在论文《人才、专利和技术标准三大科技发展战略中的成组技术》和《企业协同专利分析平台》中，围绕人才战略、专利战略和技术标准战略讨论了成组技术的作用及其特点；提出了企业协同专利分析的思想和方法，据此构建出一个企业协同专利分析平台原型，通过本体库的构建和完善来支持更准、更全的专利信息搜索，通过激励机制和保密机制来鼓励企业上传其私有的专利信息。李明星（2009）在《以市场为导向的专利与标准协同发展研究》一文中，基于标准产权效应的解析，提出企业应当以市场需求为导向，实施企业技术标准五步走战略，从理论与实践两个层面印证了"技术专利化—专利标准化—标准国际化—标准市场化"的企业标准发展路径。刘华和刘立春（2010）在《政府专利资助政策协同研究》一文中提出了加强宏观政策指导、明确专利质量标准、建立专利资助信息交换系统的我国各级政府专利资助政策协同运行的思路，建议实施阶段分解、比例配套、重点突出、效能协同的具体资助方案。学术界和实践界关于专利联盟的研究比较多，以下简要归纳国内专利联盟的研究现状及发展趋势。

我国学者王先林（2001）在《知识产权滥用的反垄断问题研究》一文中，从法理上比较系统地分析了专利联营协议（专利联盟）的垄断特性；张平和马骁（2002）在《标准化与知识产权战略》一文中，研究了专利和技术标准战略的关系；李玉剑和宣国良（2004a，2004b，2005）发表系列论文《专利联盟：战略联盟研究的新领域》、《专利联盟反垄断规制的比较研究》以及《专利联盟与专利使用效率的提高》，基于经济学和管理学视角对专利联盟展开了一系列卓有成效的初步研究。游训策（2008）在其博士学位论文《专利联盟的运作机理与模式研究》中，就专利联盟的国内研究现状进行了较为系统的梳理。陈欣等（陈欣和刘丽娜，2005；陈欣，2007）发表论文《专利联盟垄断问题的经济学分析》、《国外企业利用专利联盟运作技术标准的实践及其启示》，开展了对专利联盟内专利间竞争性关系的经济学分析，在此基础上研究专利联盟的垄断性问题，并提出了我国相关企业应对专利联盟的相应对策；通过比较GSM-Motorola和MPEG-2专利联盟运作的模式及效果，指出了其对我国企业利用专利联盟运作自主技术标准的借鉴意义。陈鼓和刘平（2004）在《我国台湾地区"专利策略联盟"运作方式及启示》一文中，针对我国台湾地区"专利策略联盟"的运作方式进行了全面分析，归纳出其对内地的借鉴意义。刘林青等（2006）在《专利丛林、专利组合和专利联盟——从专利战略到专利群战略》一文中，就专利群的动因、专利群的主要形式及其各自竞争优势进行了初步的阐述。任声策等（任声策和宣国良，2006；任声策，2007）在论文《专利联盟中的组织学习与技术能力提升》、《专利联盟中企业的专利战略研究》中，首次研究了专利联盟成员企业的专利战略方面的问题，并进行了实证分析，开展案例和调查等。朱振中和吴宗杰（2007）在《专利联盟的竞争分析》一文中，总结了建立专利联盟竞争机制的基本要求，进而指出其对我国的现实意义。张文莉（2007）在《专利联盟许可行为的博弈分析》一文中，从博弈论的视角分析提出专利联盟内的协调、约束机制的存在，认为它是企业获得较高许可收益的保证，并且联盟可以提高产品市场的均衡产量，降低单位产品的成本和价格，改善社会福利水平。

  从上述文献看，国内外学者已就专利联盟的垄断性、专利联盟的形成、专利联盟的资源基础理论等问题进行了研究，并且这种研究正朝着更广泛、更深入的方向发展。而国内学术界对专利联盟的研究还比较分散、不够系统。总体而言，目前关于专利联盟的研究在我国还是一个新兴的研究领域，已有的相关研究还存在许多不足。而且，随着专利联盟在实践中的广泛应用，其弊端也日渐显露。首先，专利联盟的内部共享、对外排斥可能产生过度竞争和技术垄断问题，这可能在很大程度上抑制技术的再进步，成为某些阶段上的经济与技术发展的桎梏；其次，搭售非核心专利技术的问题，即不少行业的专利联盟组织对有意加入该组织的企业施加了一些强行购买限制等，该行为不仅会给相关企业带来不必要的资金压力，还有可能导致某些行业发展的缓慢甚至停滞。可见，尽管一些企业有了一定的"合作与共赢"的意识，但在广度与深度上仍然不够充分。因此，我们提出一种基于充分合作与多赢的新管理方式，即供需网企业间专利资源的协同管理（Patent Collaborate Management，PCM）。它主张供需网企业之间充分合作，弱化竞争，鼓励成员企业间专利资源的深度共享与协同利用，从而更有利于技术的创新，更具多样性，一个企业可以同时和多个企业在不同技术领域有着专利资源协同关系。

第四节 供需网和专利的交叉研究现状

目前，我国仅有几篇关于供应链专利的研究文献，例如，刘介明（2009）在其博士学位论文《供应链企业知识产权协同管理研究》中，提出了供应链企业"独立式"、"链条式"和"协同式"三种专利开发模式，构建了供应链企业专利协同开发的"三层四柱"立体开发平台，提出了供应链企业专利协同利用的主要方式，研究了专利协同保护的主要内容、手段和运行机制，并进行了初步的实证研究。林岩等（林岩和陈剑，2008；林岩，2010）发表的系列论文《以专利数据计量汽车零部件供应商的知识创造》、《运用供应链伙伴知识提升知识创造水平：基于专利数据的分析》和《汽车生产供应链上下游企业间的合作知识创造》中，采用专利数据计量知识创造的方法，比较了三个计量指标，即"专利数量"、"专利被引率"和"被引加权专利数量"，从而得出结论："专利数量"和"被引加权专利数量"能很好地计量供应商的知识创造水平；选取美国汽车生产行业为研究对象，展开供应链上游和下游运用对方知识效果的实证检验，得出了"汽车生产供应链中，关键的知识流动方向是从下游流向上游"的结论；以供应商所供应的商品的差异来表达供应商的异质性，探讨了供应商与生产商开展合作知识创造的情况，揭示不同供应商在参与程度上的差异，并以美国汽车生产行业中供应商与生产商共同创造知识的活动为研究对象，采用专利数据计量方法，开展了实证检验。但我国至今尚未发现关于供需网与专利协同的研究文献。

经济、科技全球化以及互联网的普及，使得企业之间的合作日益加强。同时，发达国家跨国公司通过专利联盟垄断市场利润的趋势日益明显，其重要手段之一是对中国企业频频发动标准和专利战，例如，在DVD、数码相机、数字电视、MP3等领域，发达国家向中国企业的大规模专利收费接踵而至。集技术、经济、法律三位一体的专利，囊括了全球90%以上的最新技术情报，已成为企业最重要的战略性资源。在大力发展创新型经济背景下，我国政府和产业界高度关注专利等知识产权，对大力促进专利创造及运用来提升国家及产业核心竞争力已形成共识，2008年6月5日，国务院印发了《国家知识产权战略纲要》，旨在提升我国知识产权创造、运用、保护和管理能力，建设创新型国家。2009年10月1日，第三次修改后的专利法正式开始施行，这是实施《国家知识产权战略纲要》的重要举措，是建设创新型国家的重要保障。随后，《全国专利事业发展战略（2011—2020年）》于2010年11月11日正式颁布实施，这是我国专利事业未来10年发展的纲领性文件，是深入贯彻落实《国家知识产权战略纲要》，运用专利制度和专利资源提升专利创造、运用、保护和管理能力，从而提升国家核心竞争力而进行的长远性和总体性的谋划。供需网企业面临来自外界越来越大的压力，已经有合作进行专利建设和保护方面的强烈需求，供需网企业间协同创新、协同管理专利资源是必然的现实选择。然而通过检索中国知网，从供需网视角研究专利管理的文献只有寥寥几篇，主要是一些关于供应链专利（知识产权）管理的文献，而至今尚未发现关于供需网专利协同的研究文献。

因此，本书以供需网理论为基础，以协同论和专利联盟理论为主线，采用跨学科分析方法，选择了供需网企业专利资源的协同管理机制、模式及其应用进行系统研究。本书尝试在一定程度上丰富和完善西方的专利联盟理论，进一步发展和充实供需网企业协同管理理论，并期望丰富供需网企业实施专利资源协同管理的方法和技术以提升企业的专利资源协同管理水平。另外，从实践角度看，随着供需网竞争时代的到来，如何通过专利的协同管理来增强供需网整体的核心竞争能力已成为实践中急需解决的重大课题。如何提高我国供需网企业在专利组合中的协同管理能力？如何提高我国供需网企业在对外专利战中的协同工作能力？供需网企业如何协同利用有限的专利资源，提升企业自主创新能力？本书将为解决以上问题提供一定的参考和帮助，并对我国供需网企业的专利战略起到明显的促进作用，加速我国供需网企业的转型升级，进而对我国经济转型升级、经济发展方式转变产生重要促进作用。

第五节 研究内容及方法

一、研究内容

本书在对供需网特征讨论的基础上，以协同论和专利管理理论为主线，采用跨学科分析方法，重点研究供需网企业专利资源的协同管理机理和模式、供需网企业专利协同管理的应用等。具体而言，本书共分为 6 章来论述所研究的内容。

第一章为绪论，介绍网络经济概念、特征及其网络经济背景下企业的管理创新，回顾供需网及其协同管理、专利协同管理、供需网及专利的交叉研究方面的国内外研究现状，指出本书的研究内容及采取的研究方法。

第二章讨论供需网企业专利资源协同管理原理。在对供需网企业专利资源协同的概念及其管理理念进行分析的基础上，提出供需网企业专利资源协同的概念模型；讨论供需网企业专利协同管理的基本原理；构建供需网企业专利资源协同管理的过程模型。

第三章构建供需网企业专利协同的机制模型。它包括供需网企业专利资源协同管理的形成机制、实现机制、进化机制和反馈机制。这四种类型的机制相互联系和渗透，构成一个复杂而不断向有序发展的系统网络，为供需网专利及其相关资源协同的形成及发展提供良好的环境，实现供需网的整体目标。

第四章研究供需网企业专利协同的模式。首先，基于行为视角分析供需网专利资源协同的三种模式，即互补型专利资源协同模式、互惠型专利资源协同模式和融合型专利资源协同模式；其次，从组织方面分析供需网成员企业间的专利资源协同模式及供需网成员企业内的专利资源协同模式；最后，给出供需网专利资源协同管理的"5C2P"综合模式，即"5协同+双平台"模式。

第五章探究供需网企业专利协同效应。首先分析供需网企业专利协同效应的基础与来源，进而探索供需网企业专利协同效应的实现机制；其次构建供需网企业专利协同效应指标体系以实现协同效应的识别；最终实现对供需网专利资源协同管理的协同效应的初步评价。

第六章论述供需网企业专利协同管理的应用问题。在对我国专利事业发展现状及问题分析的基础上，运用理论与实证分析相结合的方法，主要探讨供需网企业专利协同管理中的协同利用、协同保护和协同创造三个方面的内容。

本书研究的结构框架见图1-1。

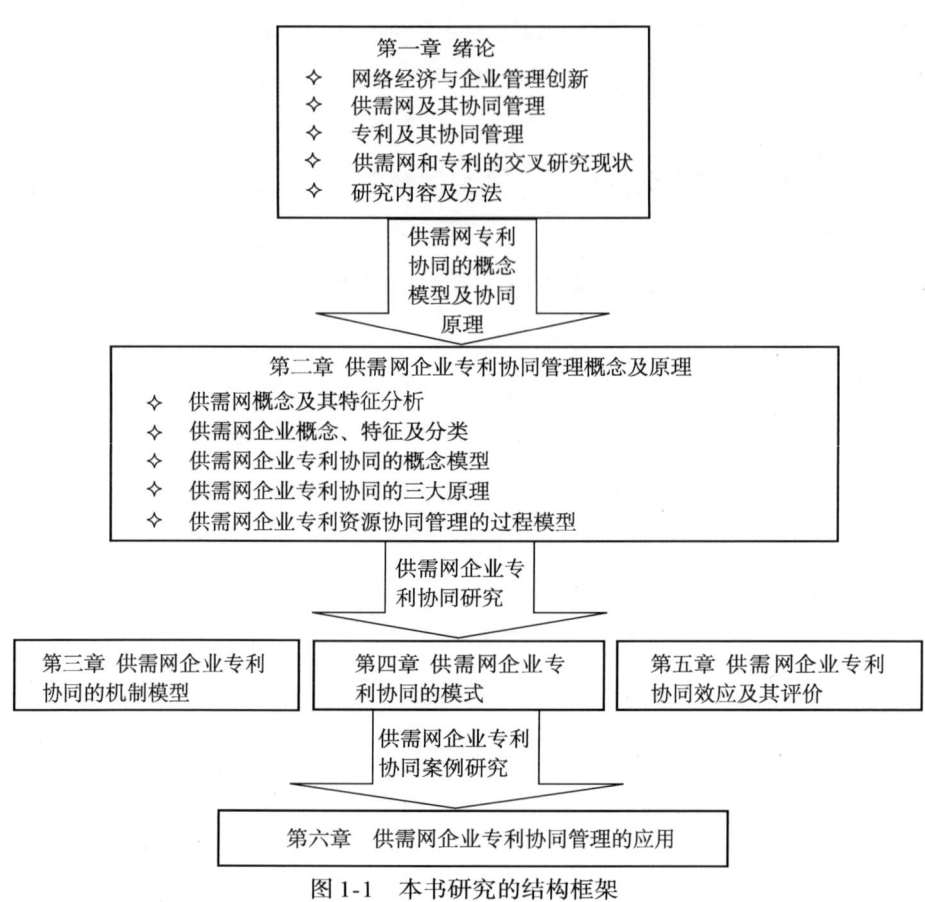

图 1-1　本书研究的结构框架

二、研究方法

本书重点采用了以下几种方法。

1. 文献阅读和实际调研相结合

国内外关于专利联盟研究的相关文献较多,但是尚未发现对产业集群专利协同管理的研究文献。本书在对国内外文献进行收集和阅读的基础上,主要以浙江产业集群为例,结合部分广东典型产业集群,调查集群企业专利协同管理与实现路径;再通过对几个典型产业集群进行深入案例研究和跨案例比较，点面结合，实证研究集群企业专利协同管理机理及实现的路径。

2. 规范分析和实证分析相结合

遵循集群企业专利协同"采集—协同分析—协同应用—协同评价"这样一条逻辑主线，对集群企业专利协同管理机制进行规范分析。同时，建立指标体系和模型对集群企业间专利协同度进行测度，运用模糊曲线测度影响集群企业专利协同能力的主要因素。

3. 系统分析法

运用复杂系统理论和演化经济理论等来分析集群企业的专利协同机理。复杂适应系统理论把宏观和微观有机的联系起来，通过主体之间及主体和环境的相互作用，来研究系统的演化，正好可以弥补当前有关企业关于专利协同的发展或演变的研究的不足。

4. 应用先进的信息技术进行研究

本书将应用先进的信息技术，如 Web2.0、本体、多智能体技术等，将本体及多智能体技术应用到我国集群企业专利资源协同管理之中。

第二章

供需网企业专利协同管理概念及原理

供应链（SC）发展成为供需网（SDN），无论从供应链及其供应链管理（SCM）概念的局限性方面分析，还是从供需网自身、供需网顺应供应链发展趋势分析，都可以看出供需网是供应链为适应技术和环境变化、客户需求变化，克服自身缺陷、与时俱进发展的必然结果，也是供应链概念的自我完善。供需网概念的提出适应了管理创新、先进制造技术创新和消费者个性化需求变化的要求，供需网是供应链发展的必然要求。

第一节 供需网概念及其特征分析

一、供应链概念的局限性

"供应链"是从英文 supply chain 直译过来的，并一直沿用至今。供应链这个概念从它开始被提出就存在某些先天的局限性，此前许多学者都对其提出了质疑，大致归纳为以下五点（徐福缘等，2007）。

1. 注重利用内部资源，而相对忽视外部资源

长期以来，传统的单个企业或供应链企业虽然比较重视利用链内资源，但却常忽略了有效利用企业外部或链外资源。这就使得诸如资金、技术、人才、先进的思想和企业文化等不能满足实际需要；由于人们常常把

眼光过度集中在内部，而没有全方位地考察市场变化，这就时常无法系统地考虑质量、成本和时间的关系，并常使得企业在与市场的物质、能量和信息交换的途径和方式方面失误。

2. 上下游企业间关系主要是竞争性

传统供应链内部的企业虽然重视供应链内企业间的合作，但仍然注重供应链与供应链间的竞争，可以相互信任的合作伙伴数量较少，是一种有限的开放性。

3. 单一的合作模式

传统供应链的企业之间主要重视产品（或服务）上的合作（单一功能），而往往忽略技术、人才、信息、资金、管理、基础设施及企业文化等方面的合作需求（多功能性）。

4. 传统供应链实现优化难度大

供应链的链（网）状结构，以单一物流功能作为纽带，这使得企业在合作过程中实现帕雷托最优的系统产出效应很困难。

5. 对传统供应链概念的局部修补尚未给供应链过程提供全新的解析

许多学者尝试在传统供应链概念的基础上对供应链概念进行调整，如一些学者提出的敏捷供需链、集成供应链、绿色供应链等，但这些概念都是对原有供应链概念的局部修补，并没有给供应链过程提供全新的解析。如敏捷供需链是对供应链概念忽视供需平衡的一种弥补，绿色供应链考虑到供应链概念忽视了绿色化，但这种修补并不能从根本上解决上述存在的不足。

二、供需网的内涵与特征

供需网（徐福缘等，2007）是一种动态网络结构，基于全球资源获取、全球制造、全球销售的目标，相关企业之间由于"供需流"的交互作用而形成的多功能、开放式的供需模式。其管理理念更注重协同，不仅是企业内、企业间的合作，而且也是供应链与供应链之间的协同。其中，"供需流"包括诸多显性和隐性供需，如知识、产品、资金、信息、人才、管理、技术和企业文化等，这些供需相互依存。这种"供需流"自始至终在全球范围内流动变化，其节点包括具有多种供需流关系的企业、企业联盟、最终消费者等，这些节点间的交互高度依赖于先进信息技术支撑的、统一的协同平台。供需流在需求信息和供应信息的驱动下，在网络与网际之间交互流动，能在更广阔的范围内满足每一个节点的需求，实现更多的全球价值。

同供应链相比，供需网有着更为宽泛的内涵。

第一，结构上它有了极大的拓展。供应链由供应商、生产商、销售商及客户线性串联而形成，而供需网是开放型的网络结构，能够多种资源优势互补，多个行业协同合作，实现信息交流共享等。

第二，更加强调消费者的需求。传统的供应链是围绕核心企业，节点供应商供应原材料，生产商制造产品，再由分销商将产品推向市场。而供需网则拥有多种供需关系的全球范围内的企业、企业合作（也可以是目前存在的供应链）及最终客户的联系，他们构成的网络以客户的需求为引擎，其目标和核心是满足消费者的需求。

第三，供应链运作的实质更注重的是以产品为导向，即始于原材料、途径中间产品直到最终产品的物流系统，资金流虽然也涉及，但仅仅是考虑产品的支付形势，信息流也只是围绕产品的基本信息。而供需网重视的是"流动"于企业、企业联盟和顾客之间的供求关系，它既包括物流、信息流、资金流、人才流等各种供需流，还包括知识流。

第四，供应链将企业间的关系从单一的竞争模式转变为合作竞争的关系，企业的竞争方式从企业与企业的竞争升级为供应链与供应链之间的竞争，供应链内的资源与信息能够共享。供应链无疑比单个企业具备了更大的竞争优势，但仍局限于供应链合作企业内部的资源。对内供应链是合作伙伴关系，对外，供应链企业之间的企业关系却是竞争关系，供应链之间的企业却难以获得所期望的利益，从而更加对立，产生了供应链与供应链之间的隔断。经济全球化的今天，顾客已用全球化的目光来实现自身需求的满足，而供需网正是从世界范围获取所需的全部资源，运用全球制造、全球设计、全球物流、全球销售的战略，以"来者都是客"的思想，在全球范围内采取资源优势互补，与合作企业建立最佳合作伙伴关系。

第五，供应链中的信息会随着物流的流动不稳定地沿着供应链向后传递，从而导致时间延误和多次转换造成的信息不对称，信息交换困难。因此，供应和需求的快速、准确匹配很难实现，这就使得各节点企业为了保证供应，在一定程度上产生积压库存，其流动资金周转时间也相应加长，从而进一步加重负债，消耗利润。而供需网采用先进的动态技术反映供需流的流动状态，及时匹配客户供需要求，并实时地协同管理供需流流动过程中的供需关系，使之快速、低成本地执行运作，同时，使用的技术实行开放的标准，以便能够被任何企业访问，有利于集成许多不同的服务，诸如供应服务、需求服务、设计服务、制作服务、物流服务及知识服务等。

第二节 供需网企业概念、特征及分类

一、供需网企业概念

供需网企业（SDN enterprises，SDNEs）是指满足最终用户需求的供需网上所有经济活动主体，它往往由若干个合作体企业、供应链企业和单个节点企业等组成，如图 2-1 所示。

从供需网企业结构模型可以看出，供应源到需求源由一系列活动主体组成，以供需网为依托，形成了多层次的网状拓扑结构。供需网

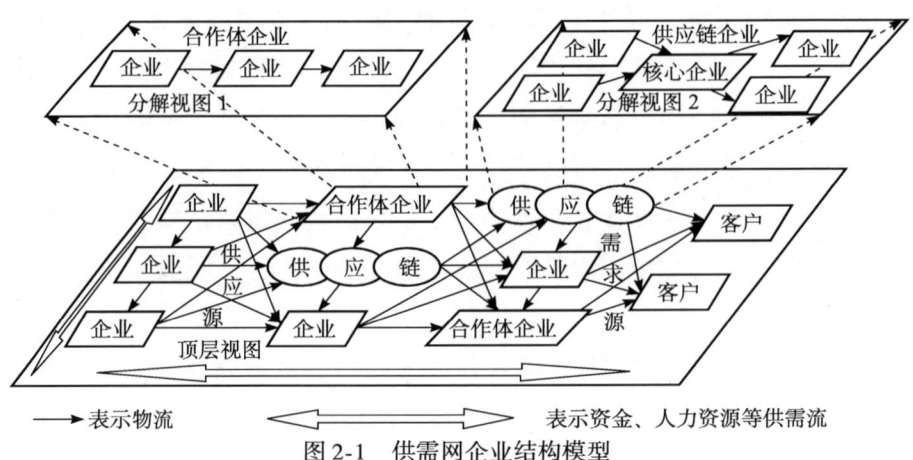

图 2-1 供需网企业结构模型

企业的结构模型由双层视图构成。从供应源到需求源的一系列活动主体及主体间的物流和资金、人力资源等供需流，它们由第一层视图反映。由于顶层视图是概括性的，有两个二级分解视图对顶层视图进行局部分解。分解视图1，包括了虚拟企业、企业集群、战略联盟、网络组织等合作体企业，这些是处于同一层面的合作模式，同时又都属于动态联盟的范畴，所以在合作范围、合作程度、竞争模式等方面有一定的局限性。而在分解视图2中，围绕核心企业的供应链企业也是供需网中的一个节点。总之，供需网企业是一种更高层次的合作理念，它以动态联盟和供应链企业各种合作模式为基础，综合集成各种联盟形式的优势，并消除它们在运行过程中的缺陷和不足，这是一种响应全球化的、创新的管理理念。

二、供需网企业特征

基于供需网的多功能性、开放性、动态稳定性和网络性，供需网企业也相应地具有以下特征。

1. 高透明度

供需网各节点企业借助于先进的 IT 平台，信息交换快速便利，节点成员能够实时交流。供需网的节点企业可以共享绝大部分信息资源，在一定程度上还可以交互私有信息，透明度很高，从而最终削弱或消除了供需网企业的信息不对称。供需网这样良好的沟通环境促进了其节点成员的诚信行为，从而避免了因其不诚信被供需网抛弃。

2. 全方位和多功能

这体现在两个层面：宏观层面上，它强调供给和需求，体现其双重功能；微观层面上，既实现了供应链企业中基本的产品功能，又照顾到其他供需流功能（技术、资金、管理理念、信息、人力资源等）的存在，而且供需流之间保持互动，这种集成功能实现了"1+1>2"，即产出大于投入。其中，信息流有最强大的渗透力，是供需流中最活跃的因素，它是各节点交互作用的平台。而多功能性使供需网节点之间缔结相互联系的强大纽带，促使全球资源能够有效而合理地配置。此外，供需网企业全方位性还体现在其节点间供需流交互的多层次上，如原材料与产品等物质（企业表层文化）、制度与技术等（企业中层文化）以及管理理念等（企业深层文化）的交互。

3. 协调合作

在一个相对统一的目标或规范下，通过计算机技术、网络技术和自动化技术等，可以有序地控制供需网节点成员之间无规律、无秩序的因子。供需网节点成员以相互间的高信任度为基础，在每项交易过程中如果其中某一节点表现出不诚信时，就将被供需网淘汰，并影响其下一次合作。因此，供需网各节点必须高度彼此信任和具有很强烈的合作意识。基于全球化及充分合作的理念，各节点常常主动在全球范围内寻求合作，还可通过信息化平台实时、可视化协作，从而提高交易效率。

4. 高度敏捷性

它主要指供需网节点企业对客户需求变化的反应能力、自适应调节能力、节点成员的新产品开发能力及制造柔性等。供需网企业不仅要实现客户的现有需求，还要积极引导并创造潜在客户的需要，提升对全球市场的响应能力，即"有需求就有供应；没有需求，就努力引导与创造需求"。敏捷性还表现在以下方面：①供需网企业组织模式的动态可重组性、可扩展性和可重用性，即"一旦有需求，就会出现供需网组织形态"；②制造资源可重构性（reconfigurability）、可重用性（reusability）和可扩充性（scalability），即 RRS 特性；③制造系统本身的柔性等。

5. 高度集成共享

基于组织视角，供需网节点成员遵循强-强自由联合的原则选择以合作体、供应链等各种模式的合作，呈现"低耦合、高内聚"特点，"低耦合"使得节点成员可以独立存在，如果其中一个节点出现问题，也不会影响供需网其他节点成员的合作，"高内聚"使得节点成员具有自组织能力，保持自身核心能力；技术层面上，节点成员不但对自身拥有的先进信息技术进行集成，而且尝试实现全球范围内技术的集成，实现高共享度的基础是高集成性。供需网节点成员不仅在技术、财务、人力资源等供需流方面实现共享，还达到节点成员间在企业文化方面的融合。例如，我国海尔集团的一个成功秘诀就是"激活休克鱼"，具体是将"海尔文化"的先进理念渗透到海尔选定的濒临破产企业，使得该企业浴火重生，同时海尔以极低成本实现了战略扩张。

6. 充分开放性

可从横向和纵向两个方面阐述供需网企业的开放性。从横向上讲，供需网企业真正具备全球性的特征，它突破了供应链企业、合作体企业的界限，使企业边界变得更加模糊，着眼于全球范围获取优势资源，制造和营销也扩展到全球范围，充分利用全世界的优势制造资源、优势营销资源，以高速、低成本、高质量地满足用户的个性化需求。纵向而言，主要表现在两方面：一方面，从供需网的合作理念看，企业合作领域不局限于解决用户需求源问题，更重视节点成员共同开发用户需求源，实现资源共享，最终达到全球经济共同发展的目标；另一方面，在技术层面上，供需网企业既在物理层、数据层和功能层方面完全标准化，节点企业的决策层又采取例行化和透明化，这既有利于节点企业间的合作，又可以增加节点企业间的互信度。

7. 削弱"牛鞭效应"

Forrester（1958）发表论文指出，当零售额突然增长 10% 时，制造商一级产生高达 45% 的库存水平，从而使得整个供应链绩效恶化，该现象就是"牛鞭效应"。Lee 等（1997）提出了应用避免多层需求预测的方法来解决"牛鞭效应"，即各级节点企业以最终用户的需求为依据安排订货、生产和库存，从而避免逐级放大需求。通过先进的信息化平台，供需网企业与最终用户进行直接沟通（如直接获取 POS 数据），能够准确、及时地获得生产、订货和库存数据。

8. 多"流"内涵

供需网节点企业间主要存在信息流、知识流、资金流、技术流、人才流和企业文化流等。信息流的主要载体是第三方集成化供需信息管理平台，供需网企业间通过该平台得以共享产品和服务的供求信息，供需网企业还可以在全球范围内及时发布各种最新供需信息，如技术、人才、管理方法、企业文化等，有利于各企业节点及时快捷地发现所需资源，充分共享全球的优势资源。可见，信息流功能对供需网的合作及高效运转起到重要的支撑作用。在知识流方面，知识成为企业持续竞争和合作优势的重要源泉，由于供需网的多功能、稳定性和开放性，提高了其间的知识转移、整合、创造与创新的效率。知识流功能极大地提升了供需网整体竞争力。在资金流方面，传统供应链中的资金流常常采用产品或服务的支付形式。供需网中也有这种形式的资金流动，它还包括企业间、企业与金融机构间的信贷、债权发行、相互持股、企业和政府的转移支付等形式。在技术流方面，主要包括企业之间的生产制造方面的技术（如专利技术）交流、企业间研发方面的合作、企业和科研机构之间的合作等。此外人才流方面也是传统供应链忽视的内容，一方面，企业内部人才冗余，给企业带来资源浪费，比如企业的研究人员，当其数量超过目前的需要，但企业又不想解雇员工，这时企业很可能向外部寻求解决办法，即企业派出研究人员，由其他企业提供资金和生产设施，达到最大化利用闲置的研究力量；另一方面，人才匮乏大大制约了一些企业的长远发展。因此，企业间人才的流动可以平衡各企业在人才方面的供需要求。供需网内的企业文化流是一种无形资源，可在供需网成员企业间流动，例如企业的管理与经营理念、管理方法，乃至于体制与机制的创新均可以相互传递。这样，企业之间通过相互学习借鉴，进而供需网发展成为学习型组织，其中的成员企业也都具有共同愿景、协作精神和自组织管理能力。

9. 消减瓶颈

消减供应链瓶颈问题，其基本方法就是首先找到瓶颈产生的真正原因，防患于未然，从根本上切断瓶颈产生的各种根源。何静（2004）在其博士学位论文《多功能开放型企业供需网的若干重要问题研究》中，提出了供需网消减供应链瓶颈问题的两大原理，即瓶颈舒张原理和侧路消减原理，这两大原理都是基于既定瓶颈问题已经产生后提出的反应策略，它们能有效解决从供应链理念到供需网思想过渡阶段传统供应链的瓶颈问题，从而有效地指导供需网的思路构建。

三、供需网企业分类

传统企业一般按照产品形态、需求形态、生产形态等进行分类。在供需网环境下，一般能力被外部化，供需网企业只需具备核心能力和必需能力。因此，这里按照供需网企业具有的核心能力进行分类，进而明确各类供需网企业在供需网生态系统中的地位、功能及相互关系。

1. 供需网知识生产企业

供需网知识生产企业专注于知识生产核心能力,能驾驭不确定的混沌市场,以网络化、协同化为基础,通过与合作伙伴协同工作,满足客户快速度、低成本、个性化定制"知识流"的需求。通过网络化信息系统与设计、制造、系统服务、商务等其他企业之间协作,供需网知识生产企业进行知识生产,并为供需网设计企业、供需网制造企业等其他各类企业和个人,快速提供所需要的知识产品。它承担传统企业里研发(R&D)部门或机构的功能,在供需网环境下,它成为一个独立的企业或者相对拥有独立能力的实体。供需网知识生产企业主要包括各种专门的研究机构、各类大学及一些高新技术企业等,其重要条件是拥有一批高素质的知识型员工来承担新产品的开发、研制工作,其产品是知识产品。

2. 供需网设计企业

供需网设计企业集中于设计核心能力,能驾驭不确定性市场,在网络化、集成化的基础上,通过与伙伴协同工作,满足客户快速度、低成本、个性化定制设计产品的需要。简言之,供需网设计企业是在不确定的市场环境下,保持敏捷竞争力的设计企业。它在全球范围内,通过集成网络,与知识生产、制造、营销、物流、管理、系统服务等供需网企业或其他供需网设计企业合作,进行网络化的定制设计,并为供需网制造企业等快速提供定制的设计产品。它在传统企业里可能只是一个设计部门,在供需网环境下,它成为一个独立的企业或者有相对独立能力的实体。

3. 供需网制造企业

供需网制造企业集中于制造核心能力,能驾驭不确定市场,在网络化、集成化的基础上,通过与伙伴协同工作,满足客户快速度、低成本、个性化定制产品的需要。供需网制造企业在全球范围内,通过网络化、集成化与知识生产、设计、营销、物流、系统服务等供需网企业或其他供需网制造企业的合作，进行网络化制造，并为供需网营销企业或消费者等快速提供定制产品。它在传统企业里可能是一个制造部门或者车间，在供需网环境下，它成为一个独立的企业或者相对拥有独立能力的实体。

4. 供需网营销企业

供需网营销企业集中于营销核心能力，能够驾驭不确定市场，在网络化、集成化基础上，通过与伙伴协同合作，为客户提供快速度、低成本、个性化营销服务。供需网营销企业一般只保持营销核心能力和其他必需能力。供需网营销企业具有销售大批量定制产品的能力，需要拥有一流的人才、技术、设备。供需网营销企业通过网络化、集成化，在全球范围内与知识生产、设计、制造、物流、管理、系统服务等供需网企业合作，进行网络化定制营销。它功能上相当于传统企业中的一个营销部门或批发、零售商；在供需网环境下，它是一个独立企业或者有相对独立能力的实体。

5. 供需网物流企业

供需网物流企业集中于物流核心能力，能够驾驭不确定市场，在网络化、集成化基础上，通过与伙伴协同工作，满足客户快速度、低成本、个性化物流服务需要。供需网物流企业具有物流服务的核心竞争力，在全球范围内，它通过网络化、集成化与制造、营销等供需网企业或其他供需网物流企业等合作，实现网络化、综合化物流服务，从而提高服务速度。

6. 供需网管理服务类企业

供需网管理服务类企业只保有管理等核心能力和其他必需能力，主要从事管理服务等优势业务，为其他供需网企业提供经营、战略、财务、人力资源、客户关系、网络集成等服务。由于协同技术、集成技术在供需网企业运作中至关重要,而企业需要的协同及集成技术群只被专门的人才群所掌握,单个供需网企业很难拥有这些专门人才,使得协同及集成技术业务通常被外部化。因此,供需网服务企业专门为其他企业提供集成技术服务,在供需网生态系统中也扮演重要角色。

第三节 供需网企业专利协同的概念模型

我国企业面临一个"市场竞争全球化"、"科技全球化"和"信息智能化"这样的外部超竞争环境,竞争的焦点已从价格竞争、质量竞争、品牌服务竞争过渡到创新速度的竞争;高质量、高可靠性与个性化、多元化成为当今消费需求的主要潮流,标准化产品向顾客化产品过渡、产品市场生命周期大大缩短,开发新产品的风险加大,而企业本身固有资源的有限性也严重制约着企业的发展。因此,需要企业之间协同创新,协同管理专利资源,快速开发创新产品来适应快节奏的市场变化。

不同于传统供应链的"链内合作、链外竞争"的有限开放性理念,供需网强调"来者均是客"和"充分合作与共赢"的全球性充分开放的理念,不强调链内链外之分。供需网这种充分开放的理念,使得供需网企业拥有全球性视野,致力于获取诸如全球范围内合作伙伴、资源和技术等信息,这极有利于供需网企业实施专利资源的协同管理,共享和整合全球范围内合作伙伴的专利资源,快速培育供需网企业的专利优势,提升供需网的整体合作力与竞争力。

一、供需网企业专利资源的特征

专利是专利权的简称,即按法律规定授予的对发明创造的独占权。专利从根本上说是一种知识产权,是指发明创造的首创者所拥有的、受到法律保护的独占权益。专利作为供需网企业战略性的核心资源,它既具有资源的基本属性,又有自己的特性。下面我们对供需网企业专利资源的特征进行简要分析。

1. 专利的法律特征

专利的法律特征,主要包括"产权性"、"排他性"、"时效性"和"区域性"特征。专利通过给予创新者在一定时期内的市场独占权,使企业获利以弥补企业创新所付出的成本是专利制度设计的根本目的(Kline and Rosenberg,1986)。专利的确认及法律保护需要通过法律程序获得国家认可。比如,专利权的获得,需要由申请人提出申请,再由国家专利管理部门依照法定程序进行审查,只有符合专利法规定条件的专利申请才能被授予专利权。而且,专利作为一种法律授予的独占权总是与作为权利人的排他权利共存的;专利权人可依法获得垄断收益;未经权利人的许可或者非依法规定,任何人不能为营利目的使用权利人享有法律保护的专有权。专利的法律"排他性"特征在很多情况下往往比专利本身更有价值。例如,关键技术的专利可有效防止竞争对手的模仿,即它们具有"隔离机制"的作用,或者可被用于增强同竞争对手在技术标准方面的竞争。专利一般也具有"时效性"和"区域性"特征,任何国家依本国法律授予的专利都在本国有一定的保护期限,超过这个期限后,任何人都可以免费自由使用,而且即使在保护期内,在其他国家也可以免费使用这项专利。例如,我国专利法规定发明专利的保护期为20年,我国依法授予的专利在法律有效期内会得到我国法律的有效保护,但它在国外并不受到保护。

2. 专利的经济特征

专利的经济特征,主要包括"价值性"、"稀缺性"、"异质性"、"难以替代性"以及"流动与模仿的不完善性"。第一,专利是有价值的,无论是将专利技术直接许可出售还是进行商业开发,专利的价值相当明显,尽管各个专利价值大小会存在区别;第二,专利是稀缺的,申请专利保护的技术并不一定能够获得专利授权,专利授权是在严格的法定审查程序之后做出的决定,很多企业都没有能力创造出获得专利权保护的技术;第三,专利具有异质性,专利是唯一的,相同功能的专利基本不会存在,企业可以因拥有对这些专利资源的"垄断"权而获得超过平均利润的"租金";第四,专利具有难以替代性,这是由于专利具有创新性和新颖性;第五,专利具有不完全流动性与不完全模仿性,这是由专利法律本身所决定的,尽管专利实施与保护会存在困难(如专利侵权的辨别和案件诉讼成本),会导致专利技术被模仿,但是这些模仿也是有成本的、滞后的。

3. 专利的技术特征

专利的技术特征,主要包括:①技术内容新颖、详尽、实用可靠,报道迅速。作为专利载体的专利文献往往不仅包含了最新的技术信息内容,而且对某项技术领域的具体技术问题提出了新的技术方案,具有很强的实用性和参考性。②涉及广泛、连续系统。往往是一套专利文献,汇集了极其丰富的科技信息,涉及非常广泛的技术领域,善用专利文献能够及时、迅速地掌握当代世界最新的科技动态和科技情报。③格式统一、规范。作为专利载体的专利文献,各著录项目都采用了国际统一的识别代码和符号,管理精确、组织严密。这非常有利于对专利的深度知识挖掘。

4. 专利的其他特征

专利的其他特征,主要包括"累积性"、"信号性"、"依附性"。专利的累积性是指企业专利资源的形成具有过程性与时间性要求,企业需要通过自身组织的学习、创造等长时期的积累才有可能获得专利。供需网企业为提升竞争力、实现可持续发展,就必须树立专利资源管理的战略性经营理念,进行专利资源的持久性创造与积累,并实施必要的企业专利资源储备战略。专利的信号性是指企业的专利可以作为一个有效的信号,来显示企业的效率、研发能力、知识资本存量等特征,这些特征是外部相关者无法获取的信息,通过国家专门的专利管理机关可以很容易得知企业的专利数量,外部相关者也相信专利可以作为一些不易观测特征的信号,而且专利所包含的信息一般是比较可信的。因此,专利的信号特征在减少企业与外部相关者信息不对称方面发挥着重要作用。专利的依附性是指专利管理总是以企业的经济、财务、技术研发管理为基础,并与之相结合发挥综合作用,为实现企业的总体发展目标服务。

二、供需网企业专利资源协同的概念及其管理理念

赫尔曼·哈肯(1988,1989,2001)先后出版专著《协同学》、《高等协同学》以及《协同学——大自然构成的奥秘》,创立并不断丰富了协同学理论,提出了协同学的核心概念,如自组织与他组织、序参量与控制参量等,并阐述了协同学的基本原理,即不稳定性原理、序参量原理和支配原理。近年来,协同学理论已广泛运用于社会学、管理学、经济学等学科中,主要开展关于系统有序与无序、自组织与他组织、竞争与共生、演化与协同的研究。

近10年来国内代表性论著主要有:曾健和张一方(2000)的《社会协同学》,潘开灵和白烈湖(2006a)的《管理协同理论及其应用》,王传民(2006)的《县域经济产业协同发展模式研究》,王谦(2006)的《中国企业跨国并购协同问题研究》,邹辉霞(2007)的《供应链协同管理理论与方法》等;高良谋(2003)在《购并后整合管理研究——基于中国上市公司的实证分析》一文中,基于中国上市公司的实证分析研究了购并后整合管理问题;王自强(2005)在《管理协同的核心要素》一文中,研究了管理协同的核心要素问题;陈莉平(2005)在《基于协同效应提升企业竞争力》一文中,研究了基于协同效应提升企业的竞争力问题;周建松(2005)在《民营经济与地方

商业银行协同发展》一文中，以浙江省为例研究了民营经济与地方商业银行的协同发展问题；靳景玉和刘朝明（2006）在《基于协同理论的城市联盟动力机制》一文中，基于协同学理论研究了城市联盟的动力机制；周琳（2006）在其博士学位论文《企业并购中的资源协同机理研究》中，研究了企业并购过程中资源协同运行的机理；周小春和李善民（2008）在《并购价值创造的影响因素研究》一文中，研究了并购价值创造的影响因素；刘霞（2009）在《产业集群协同演进研究：以温州鞋业集群为例》一文中，以温州鞋业集群为例对产业集群协同演进进行了研究；程郁和郑风田（2009）在《产业集群与技术创新模式的协同演进机制：基于云南斗南花卉产业技术追赶的案例研究》一文中，以云南斗南花卉产业技术追赶为例研究了产业集群与技术创新模式的协同演进机制；姚卫新（2010）在《不缺货情形下基于第三方物流的供应链协同补货模型研究》一文中，进行了不缺货情形下基于第三方物流的供应链协同补货模型研究；赵广华（2010）在《产业集群供应链协同管理体系构建》一文中，进行了产业集群供应链协同管理体系构建的研究；王玉梅（2010）在《复合DEA方法的知识创新联盟系统协同发展评价》一文中，利用复合DEA方法对知识创新联盟系统协同发展评价进行了研究。

我们借鉴前人的研究成果，并依据我们的研究积累，首次提出了供需网企业专利资源协同管理的概念：它是供需网企业优化整合专利资源的管理模式和战略手段，包括供需网内外多个行为主体对专利资源的协同采集、协同分析、协同应用和协同评价等一系列专利联合行动，其目的在于促进供需网及其成员企业的协调发展以获得"1+1>2"的协同效应。利用智能体理论与技术给出供需网企业专利资源协同管理的概念示意图（图2-2）。

如图2-2所示，供需网企业间对专利资源的协同采集、协同分析、协同应用和协同评价等一系列联合行动，都有自身明确的管理目标，实行有效的管理组织，充分而及时地管理信息，先进的管理文化，科学的

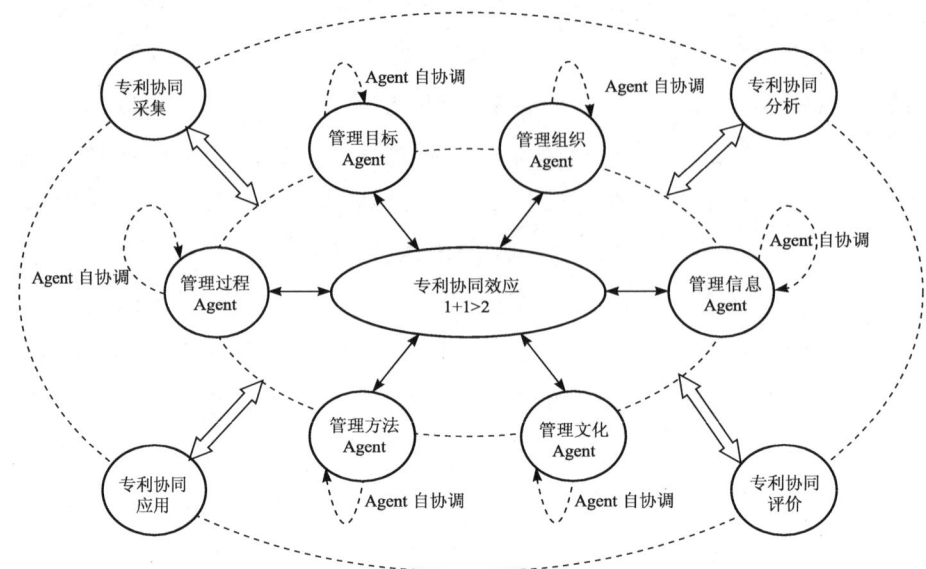

图 2-2 基于 Multi-Agent 的供需网企业专利协同管理概念示意图

管理方法，优化的管理过程，而且能够智能化、自协调，以适应外界环境的复杂多变。供需网企业实施专利资源协同管理，其决策层和管理层必须树立起与之相适应的新管理理念，必须突出强调供需网系统各要素间协同、配合的思想，重视系统协同的思想，如市场调研预测、专利研发、生产、营销以及服务过程的协同，不仅重视企业内部资源的优化配置和合理利用，而且重视企业的外部资源，重视把企业的内部条件和外部环境结合起来纳入协同范畴，以使系统产生自组织功能而实现协同效应，达到企业管理目标。

三、供需网企业专利协同的三维概念模型

参照计算机集成制造开放系统体系结构（Open System Architecture for Computer Integrated Manufacturing，CIMOSA）模型框架（Yeh，1991；ESPRIT Consortium AMICE，1993）、Zachman（1999）提出的 Zachman 框架以及我国学者祁连（2001）对企业建模框架的比较研究等，并依据我们

的研究积累，提出供需网企业专利协同的概念模型，即从协同层次维度、协同主体维度和协同内容维度来构建供需网企业专利资源协同管理的一个三维模型（图2-3）。该概念模型描述有助于对专利资源协同管理本质的理解与把握，为决策及管理人员处理供需网复杂系统的协同管理问题提供科学的依据。

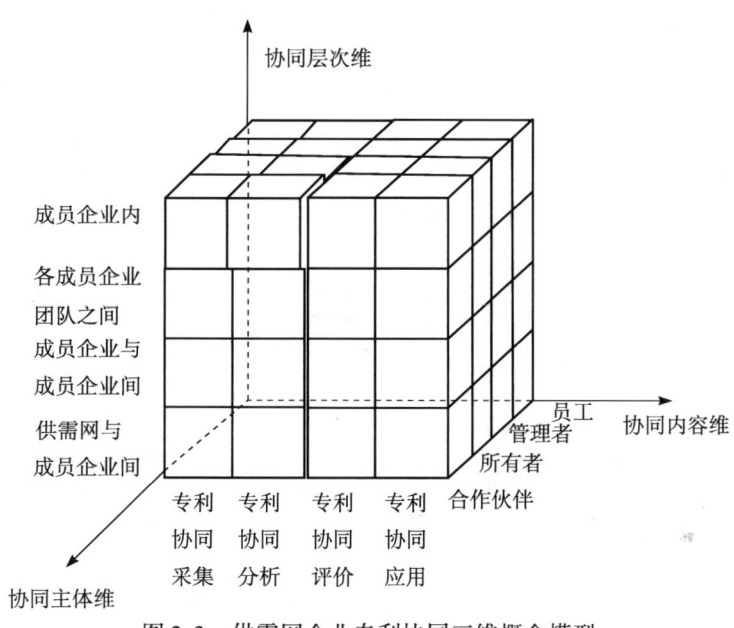

图 2-3　供需网企业专利协同三维概念模型

1. 供需网企业专利资源协同管理内容维度

第一，供需网企业专利资源协同管理中首要的问题是从何处获得专利资源。专利资源包括专利文件和专利相关信息。目前，专利文件已经能够很方便地从公开的专利库获取，从而获得专利文件中包含的技术、经济、法律等具有重要价值的情报，但要使得专利文件的效用最大化，关键在于专利数据的深度挖掘和知识发现，专利数据的基本挖掘过程和主要步骤见图2-4；而专利相关信息，如竞争对手的最新商业活动和产品研发活动等，

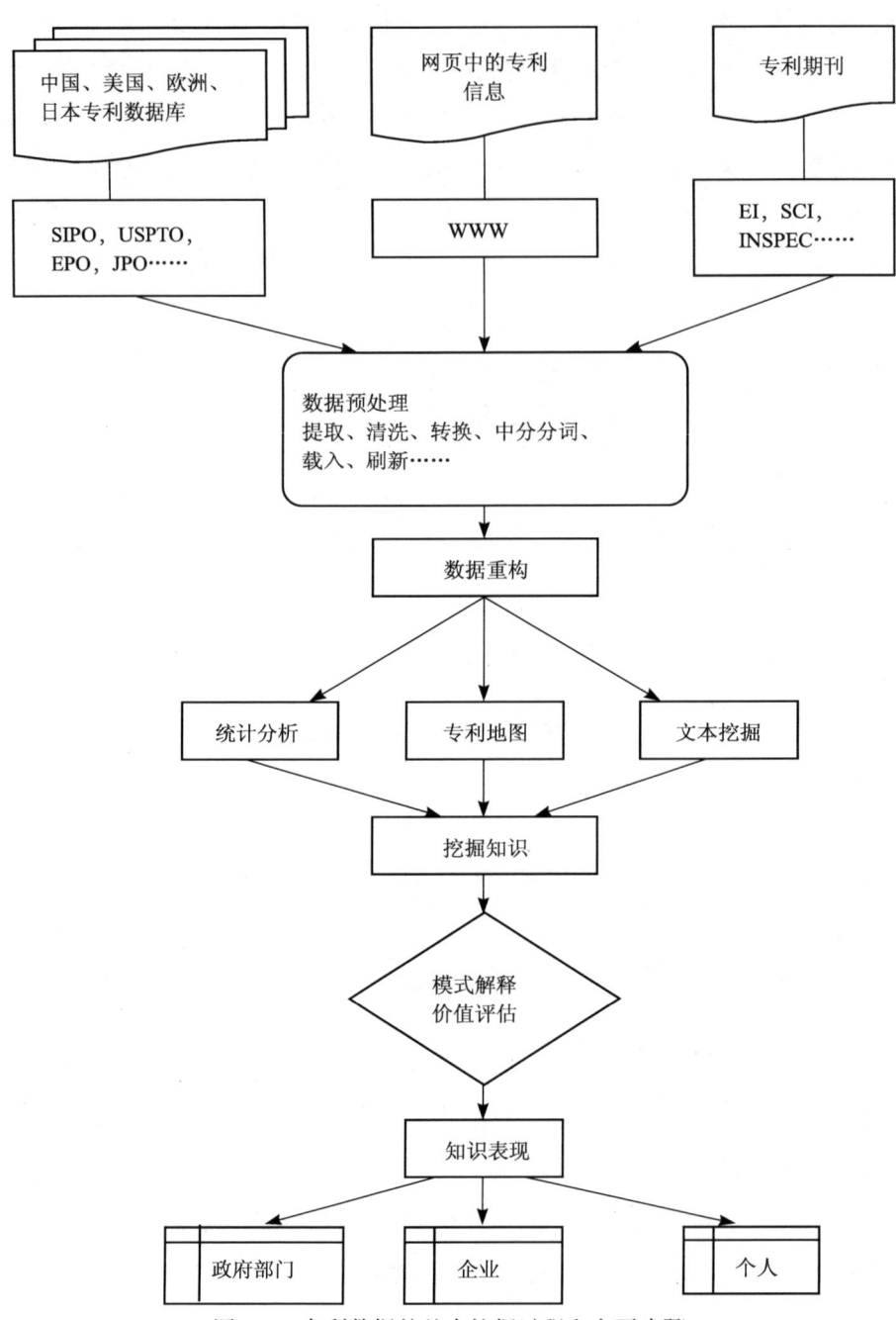

图 2-4 专利数据的基本挖掘过程和主要步骤

其一部分来源于公开的网站,另一部分则来源于企业员工,采集起来有一定难度。而且,专利资源具有量大、专业性强、术语不统一等问题,因此需要供需网企业之间对专利资源进行协同采集。供需网企业专利资源协同采集模型请参见图2-5。

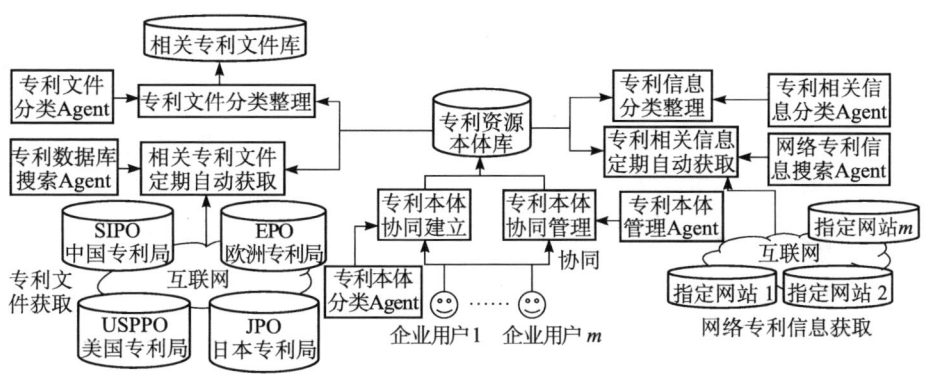

图2-5 供需网企业专利资源协同采集模型

第二,虽然市场上已有一些企业专利分析商品软件可对专利主要信息进行一般性的、粗粒度的分析,如某行业发明专利的变化趋势等,但实践中某些企业或企业的专利联盟,出于"保护"自身利益的目的,运用"专利地雷"等非诚信手段对竞争对手设置骗局,即他们故意将一些并非本企业所需的技术申请为专利,以便让对手无法了解自己的发展方向,有的还在专利"授权人"一栏隐匿真实身份,如此等等。因此,需要对专利实质性的、细粒度的信息进行深入分析,提供有更大价值的分析报告。这些工作也不是一家企业能够独立完成的,需要供需网企业间的协同分析。比如,基于智能体等先进信息技术的专利知识挖掘和分析、专利预警分析、专利组合管理和供需网企业间专利交叉许可。

第三,对专利资源的正确评价能够促进企业间专利资源协同管理中合作博弈的开展。但对专利资源的评价又很难,需要供需网企业间借助一些先进技术和手段开展协同评价。

第四，供需网企业专利资源协同管理的应用很多，这更需要供需网企业间开展专利资源的协同应用研究。本书主要研究以下三个方面内容：供需网企业专利的协同利用、专利协同保护、专利协同创造。

2. 供需网企业专利资源协同管理主体维度

资源协同的主体就是构成资源协同体和资源协同关系的基本单位（要素），是形成资源协同体的重要基础。专利资源协同理论分析的重要内容之一就是认识和描述供需网企业专利资源协同主体，各协同主体关联的组织结构层次的紧密度对专利协同成败影响颇大。

供需网专利资源协同管理中的主体角色类型应该包括成员企业的各级管理者、员工、合作伙伴（客户、供应商、代理分销商）、所有者，特别是应成立一个供需网专利资源协同管理指导委员会（以下简称协管委员会），其成员可包括供需网成员企业代表、政府或行业协会代表，还应吸收供需网利益体之外的相关专家加入。它们各自在资源协同过程中的主要职责如表2-1所示。

表 2-1 供需网专利资源协同管理相关主体的主要职责

协同主体类型	专利资源协同管理中不同主体的主要职责
协管委员会	发现协同机会及负责相关主体间利益协调
成员企业的员工	专利资源协同应用的主要实施者
供需网合作伙伴	实现整个供需网专利资源利用率提升和促进成本降低
成员企业决策者	拥有是否参与供需网专利资源协同及参与程度的决策者

3. 供需网企业专利资源协同管理层次维度

本书认为供需网企业专利资源协同管理的范围分为个人、以产品为核心的团队、事业部、企业集团、企业间、整个供需网等不同层次的专利资源管理的需求，如图2-6所示。

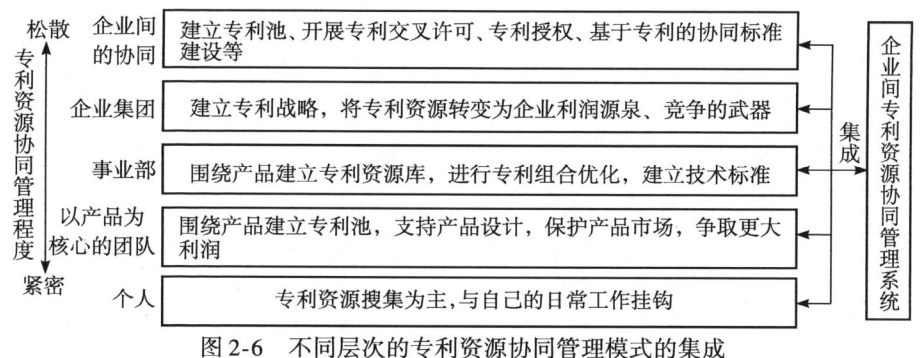

图 2-6　不同层次的专利资源协同管理模式的集成

第四节　供需网企业专利协同的三大原理

供需网企业应实施专利战略的协同战略，建立健全相适应的专利战略的保障体系，制定适合企业实际情况的专利战略，并依据企业及环境的变化对企业专利战略进行适当的控制和调整（王宪云和徐福缘，2010）。供需网企业专利协同的基本思路就是把供需网的专利及其相关资源看作一个系统，通过对该系统各要素的加工、重组整合，实现专利资源利用整体优化和效益最大化。第一，供需网企业专利协同体现为深度化协同，即构建供需网成员企业间专利、资金、信息、人才、技术等相关资源的集成协同，并实行战略性协同，协作者之间以长期合同为主要方式。第二，实行全球化协同，就是以全球化的理念，将供需网系统延伸到全球范围，在全面、迅速地了解世界各地消费者需求偏好的同时，将供需网上的全球供需网节点企业整合成一个为客户高效服务的系统，获得"1+1>2"的协同效应。第三，网络化协同，即要求所有参与专利协同的供需网节点企业内、供需网研发企业子网、供需网设计企业子网、供需网制造企业子网、供需网营销企业子网、供需网物流企业子网、供需网服务企业子网，以及网际之间在信息、知识共享的基础上各自发挥自身的优势，协同开发和生产，把专利产品推向消费者。第四，智能化协同，即以信息共享为特征，使用信息系统跟踪面向专利协同的供需网企业上的数据流、信息流和知识流，建立紧密的供需网企业合作，借助语义 Web、网格等先进技术以最佳方式为客户开发专利新产品，最大限度地满足客户需求，实现潜在价值。第五，体现为动态性协同，指由于信息网络技术的发展，赋予了供需网企业业务流程快速重构和关系整合的能力，使得供需网结构出现动态性不断加深的特征，以适应专利协同的挑战，在动态变化中实现供需网企业间的协同。借鉴刘介明（2009）博士学位论文《供应链企业知识产权协同管理研究》的观点，本书提出供需网企业为了取得良好的协同效果，开展专利资源协同应遵循以下原理。

一、供需网企业专利资源协同的共赢原理

1. 专利协同共赢原理的基本内容

供需网企业专利协同共赢原理是指供需网企业凭借彼此间专利资源的协同管理（包括专利资源的协同采集、协同分析、协同评价、协同创造、协同利用和协同保护），能够使所有参与专利协同管理的供需网企业获得更多的利益，开创"多赢"的局面。

共赢原理是供需网企业专利资源协同管理的前提。这有两大理由。①"共赢"是供需网企业间专利资源协同管理的客观要求：第一，企业选择加入供需网，其根本目的就是企图通过供需网组织来谋求长期、稳定的预期利益；第二，专利本质上是一种法律保护的独占权，供需网企业要对这种独占权进行协同管理，共创、共享、共保、共用，比独占获得更多的利益就应该是前提条件。②供需网企业专利资源协同管理中完全可以实现"共赢"：第一，协同管理能获得"1+1>2"的协同效应；第二，专利具有共享性的特征，即专利可以多人共享而不影响其功能价值的实现。

供需网企业专利协同管理的"共赢原理"可形式化描述如下：

（1）供需网企业 i（假定共有 n 个供需网企业，即 $i=1,2,\cdots,n$）参与专利资源协同管理，其前提条件是参与协同管理后的期望收益 E_{Ci} 不小于其不参与协同管理的期望收益 E_{Si}，即

$$E_{Ci} \geqslant E_{Si} \qquad (2\text{-}1)$$

（2）供需网企业彼此间专利资源协同管理，其必要条件是供需网企业实施协同管理获得的总净收益 π_{CT} 要不少于单个供需网企业不参与协同管理所单独创造的净收益（π_{S1}，π_{S2}，$\cdots$，π_{Sn}）之和，即要产生协同效应

$$\pi_{CT} \geqslant \sum \pi_{Si}, \quad i=1,2,\cdots,n \qquad (2\text{-}2)$$

（3）供需网企业实施专利资源协同管理，其充分条件是各供需网企业在参与协同管理后所实现的实际净收益 π_{Ci} 要不少于其单独经营实现的净收益 π_{Si}，这其实由供需网企业专利协同管理所获得的总净收益在每个供需网企业之间的分配系数所决定，设此系数为 λ_i，$0<\lambda_i<1$，$\lambda_1+\lambda_2+\cdots+\lambda_n=1$，则 $\pi_{Ci}=\lambda_i\pi_{CT}$，从而充分条件可表述为

$$\lambda_i\pi_{CT} \geqslant \pi_{Si}, \quad i=1,2,\cdots,n \qquad (2\text{-}3)$$

2. 共赢原理的合理性分析

共赢原理具有合理性，因为专利资源协同管理使得供需网企业至少在以下八个方面能够实现预期收益。

（1）降低成本。这主要表现在：①在专利合作过程中，供需网企业可以共享彼此的专利、人才、技术和资金资源；②把自身不擅长的非核心业务外包给供需网中的专业公司，凭借专业公司的规模经济优势来显著降低成本；③供需网企业之间一般保持长期稳定的合作关系，从而有利于诚实、守信、自律的专利合作机制的建立，可以显著降低交易成本；④供需网企业之间通过对专利资源相互授权和许可实现长期共享彼此专利的目标，避免了重复开发和重复谈判。

(2) 提高产品质量。供需网企业之间通过广泛的业务外包，转由供需网中的专业公司承担非核心的业务，专业公司技术、基础设施与管理优势能够保证产品及服务的质量；而且通过业务外包，供需网企业可以全力以赴、集中资源发展自身的核心竞争力，有利于产品或服务质量的提升。

(3) 缩短新产品开发上市时间。供需网企业通过专利的协同管理，联合具有功能互补、互惠的供需网企业协同研发新产品；如果必要，还可以从供需网外部寻求新的企业加入协同研发，自然可以缩短新产品开发上市时间。

(4) 提高供需网企业的柔性。针对外部市场环境及客户需求的不断变化，供需网可以因时而需、因人而需，适时组建新的供需网，快速推出适应市场需求的新产品，培养供需网企业的快速反应能力，提高供需网企业的柔性。

(5) 提高服务水平和客户满意度。供需网企业在专利协同创造、开发、协同利用和协同保护过程中，通过信息的广泛共享及时地掌握各种需求，并做出快速、同步的反应，从而显著提升客户服务水平和满意度。

(6) 提升专利研发水平和技术创新能力。供需网企业在专利创造、协同开发和协同利用过程中，通过广泛的信息共享和交流，供需网研发人员相互学习、彼此启发、共同成长，从而有利于提高专利研发水平，增强供需网企业的技术创新能力。

(7) 降低风险。供需网企业通过专利的合作研发，共享彼此资源，共同承担开发失败的损失，从而不仅提高专利开发的成功率，而且能够分散专利开发风险，因此，专利开发风险得到降低；但与此同时，专利的流失风险也随之增加，可以通过制度建设来控制这种风险。

(8) 有望获取长期、稳定的收益。一旦组建供需网，供需网企业之间往往保持长期、密切的战略合作伙伴关系，从而保证供需网企业实现相对长期、稳定的收益。

二、供需网企业专利资源协同管理的和谐原理

1. 和谐原理的基本框架

由于供需网本身组织的相对松散性,供需网企业专利协同管理过程存在一定程度的不稳定性、复杂性和不确定性;而且,供需网企业相对独立性和分布式的决策愈发增加了不确定性;同时,供需网成员企业决策者个人的感性差异和理性差异也具有高度的不确定性,这就使供需网企业的专利协同管理活动陷入难以预测的境地。所以,供需网企业专利协同管理的实施还需要遵循和谐原理。

席酉民教授领导的团队基于系统理论于1988年提出了"和谐管理理论"。席酉民等(席酉民和尚玉凡,2002;席酉民等,2003)在其专著《和谐管理理论》及论文《面向复杂性:和谐管理的概念、原则及框架》中,认为"和谐管理理论"是指组织为了实现其目标,在高度不确定的复杂环境中,围绕和谐主题分辨,以优化和不确定性消减为手段提供问题解决方案的实践活动。

依据和谐管理理论的基本思想,参考刘介明(2009)博士学位论文《供应链企业知识产权协同管理研究》的观点,本书提出了供需网企业专利协同管理的和谐原理,其基本运行框架如图 2-7 所示。第一,基于供需网企业专利协同管理的不确定分析,判断供需网企业的专利资源协同管理是否和谐;如果和谐则继续保持和谐运行状态,反之,则要寻找不和谐的关键因素到底是什么,而分析的结果是找出"和谐主题"(hexie theme,HT),并进行战略(strategy,S)规划。当然,和谐主题会随着时间和空间的变化不断地变异,称之为"和谐主题的漂移",此时相应的谐则、合作和和谐耦合就都要做出适当的调整和变化。第二,确定和谐主题后,紧接着要分析如何从"和则"(he principles,HP)与"谐则"(xie principles,XP)两方面来着手实现和谐主题。第三,围绕和谐主题的和则与谐则的"互动耦合"。和则与谐则是实现供需网企业

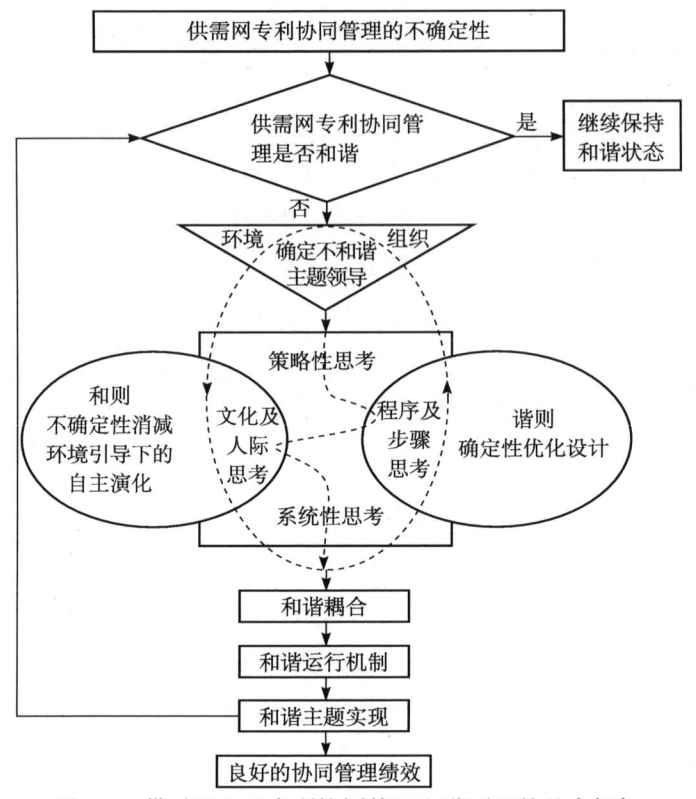

图 2-7　供需网企业专利协同管理和谐原理的基本框架

专利资源协同管理的两方面途径,系统性思考两者的"互动耦合",形成和谐的运行机制,实现供需网企业专利协同管理的良好绩效。最后,进行和谐管理控制,即不断地将环境诱导下的自主演化过程中依靠积极尝试和多样化选择所呈现的规律性内容纳入理性设计的体系,促使供需网企业的专利资源协同实现动态调整和持续改进,以更好地应对来自环境以及组织内部的复杂性。

2. 供需网企业专利资源协同的和谐原理的形式化描述

依据上述分析,供需网企业间专利资源协同管理的和谐原理,能够用以下 5 个函数来进行描述:

$$S = F_s(E, O, L)$$

$$HT = F_{ht}(E, O, L, S)$$

$$HC = F_{hc}(HT, HP, XP)$$

$$HX = F_{hx}(S, HT, HC)$$

$$P = F_p(HX)$$

式中，E 为供需网企业专利协同管理的环境；O 为供需网的组织结构；L 为供需网企业专利协同管理的领导；S 为供需网企业专利协同管理的战略；HT 为供需网企业专利协同管理的和谐主题；HP 为供需网企业专利协同管理的和则；XP 为供需网企业专利协同管理的谐则；HC 为供需网企业专利协同管理的和谐耦合；HX 为供需网企业专利协同管理要和谐；P 为供需网企业专利协同管理和谐的绩效。

三、供需网企业专利资源协同管理的风险原理

1. 对供需网企业专利协同风险原理的整体描述

供需网企业通过进行专利的协同管理，实现专利及相关资源的优势互补、彼此信息共享和战略合作伙伴建设，使得成本和风险显著降低。但供需网企业专利具有冲突性、易失性、无形性、共享性和保密性等特征，也加大了专利流失的风险。而且，专利作为企业的战略性核心资源，如果关键专利在供需网企业专利协同管理过程中流失，则可能丧失核心竞争力，从而整个供需网就可能丧失市场，单个供需网企业则很可能被本供需网抛弃，危害性极大。可见，供需网企业专利协同管理是导致风险增加还是减少，存在极大的不确定性。所以，整个供需网系统及其每个供需网企业都必须特别强化专利的风险防范意识，必须强调以全员参与、全程保密监控为主要内容的全面风险管理思想。

2. 供需网企业专利协同风险原理的内容

（1）供需网企业专利协同管理中风险与收益的对称性。一方面，供需

网企业通过专利的协同管理，得以一定范围内的优势专利资源共用，信息与知识彼此共享，使得交易成本大幅降低，实现供需网整体利益最大化目标，开创供需网及各成员企业多赢的局面。但另一方面，参与供需网企业专利协同管理的企业也要履行一些义务，它需要将自身享有独占权的专利许可其他合作成员共享使用，需要投入人财物等多项资源，需要承担协同管理过程中其他供需网企业的道德风险等，如专利流失的风险、专利研发合作伙伴单方违约的风险。因此，构建一种公平、风险与收益对等的利益分配机制成为必须，以保证承担高风险的企业能够获得高份额的利益。

（2）供需网企业专利协同管理中风险增减的不确定性。供需网企业专利的协同管理对供需网企业风险的影响具有两面性。一方面，供需网企业在专利协同管理过程中专利、信息、技术、资金资源彼此共享，可以降低供需网企业的风险；另一方面又可能增加专利流失等新的风险，甚至是"致命"的风险。因此，供需网企业专利协同管理到底是降低了风险还是增加了风险具有极大的不确定性。

（3）供需网企业专利协同管理中风险的部分可控性。供需网企业专利协同管理到底是降低了风险还是增加了风险具有极大的不确定性，而且风险一旦发生可能损失惨重。然而，供需网企业专利协同管理的风险在一定程度上还是可以识别和控制的。比如，通过对供需网专利协同管理中风险的系统分析，发现有可能降低的风险，事先洞彻可能出现的潜在风险，然后采取有针对性的有效措施，就能实现对供需网企业专利协同管理中的风险控制。

（4）供需网专利协同管理中风险防控的全面性。防控供需网企业专利协同管理中的风险，必须强调全面性，即必须实施全面风险防控，尽可能将风险消灭于萌芽阶段，以避免可能造成的巨大损失。实施全面风险防控要注重全过程防范，从供需网企业作出专利协同管理决策时开始，到供需网企业的选择、专利合作内容的选择，再到协同管理契约的制定，这一系列专利协同管理的过程均要采取严格的风险控制手段和防范措施，如图2-8所示。

第二章 供需网企业专利协同管理概念及原理 53

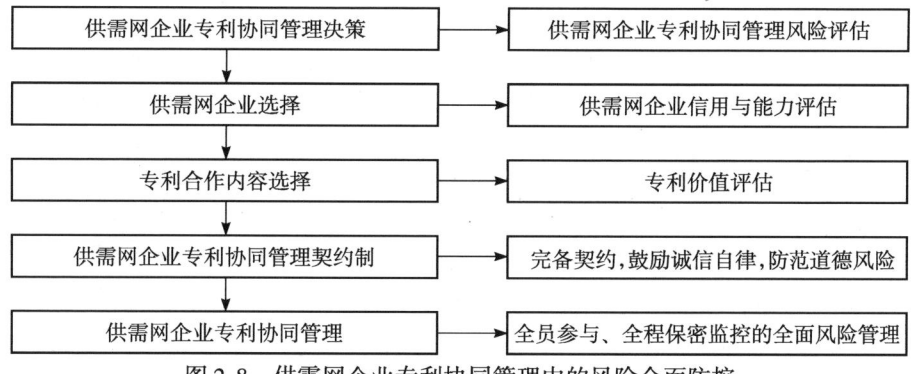

图 2-8 供需网企业专利协同管理中的风险全面防控

第五节 供需网企业专利资源协同管理的过程模型

本书借鉴丁铭华（2009）在其博士学位论文《基于自组织的企业集团资源协同管理研究》中的观点，提出了供需网专利资源协同管理的过程模型，如图 2-9 所示。

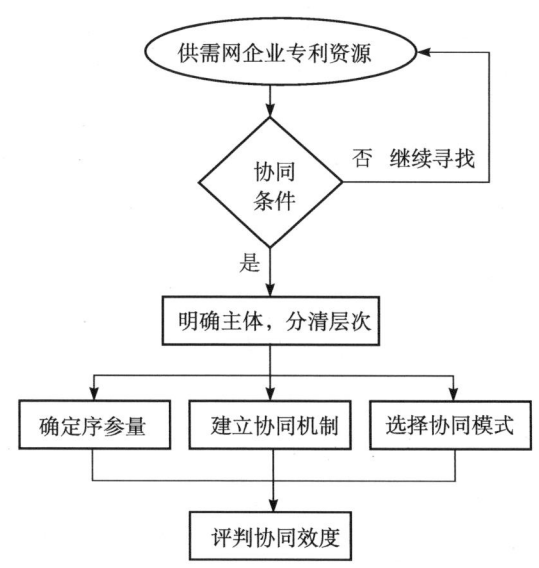

图 2-9 供需网企业专利协同管理过程模型

如图 2-9 所示，第一阶段按照资源协同条件对供需网的所有专利及其相关资源进行判断，找出可协同的资源；第二阶段明确资源协同的主体，区分资源协同的层次；第三阶段更为关键，一要寻找和确定资源协同序参量，二要选择协同机制，三要确定协同模式；第四阶段是对资源协同效应的评判测度。通过上述四个阶段，就基本完成了供需网专利资源协同的实施。关于供需网专利资源协同的机制、模式和协同效应评价将分别在第三章、第四章和第五章开展系统研究，以下仅就其中的资源协同条件和序参量进行简要分析。

一、供需网专利资源的协同条件分析

供需网专利资源的协同条件主要有三个方面：前提条件、必要条件和充分条件。

1. 供需网专利资源协同的前提条件及其分析

究竟是否通过供需网企业之间专利及其相关资源的协同来代替市场交易，其决定因素在于交易费用的节省以及节省的数量。供需网专利资源交易的实现可以选择以下三种途径之一：第一，通过市场购买；第二，通过中间组织——介于市场和供需网组织内部之间的各种联盟合作形式；第三，供需网成员企业间资源协同。最终采取哪一种交易方式，这完全取决于交易成本的高低。

假设供需网通过某一市场交易获取资源对应的交易费用为 M，而供需网内资源协同后新增的管理费用为 B，并假定协同后由于没有实现规模经济而导致的新增成本为 C。在图 2-10 中，控制意愿线是指供需网成员企业 SE1 或 SE2 由于资产专用性积累到一定程度而对交易有所依赖，且认为对交易的控制为利大于弊时产生的控制意愿的决策线。而协同意愿线是指供需网成员企业 SE1 或 SE2 由于资产专用性积累到很高程度对交易强烈依赖时，呈现的通过协同对交易进行控制的决策线。

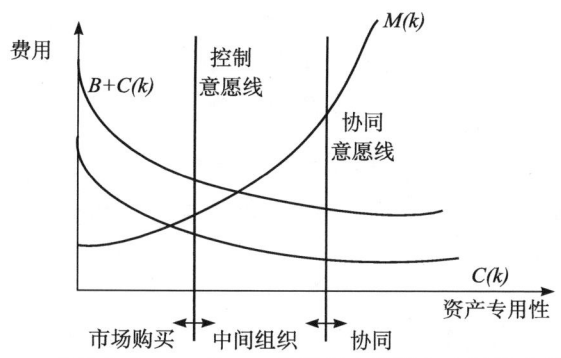

图 2-10 成员企业 SE1 或 SE2 的资源专用性与交易形式的选择

当交易费用大于管理费用和新增成本（$M>B+C$）时，出于降低资源获取成本的目的，供需网将实行资源协同的战略；而当交易费用小于管理费用和新增成本（$M<B+C$）时，供需网将继续从市场购买资源。可见，如果由于供需网企业间某种专利及其相关资源的协同促使供需网的组织行为趋于合理，使得供需网节约了组织费用及供需网资源外部交易费用，则说明该资源具备了协同的前提条件。

2. 供需网专利资源协同的必要条件及其分析

供需网专利资源协同的必要条件有两个：一是相容性条件，指基于某一协同目标的各协同资源间相互兼容的程度，它是判断、选择各资源能否建立协同关系、形成协同体的依据和准则；二是互补性条件，指基于某一协同目标的各协同资源间在功能、作用等方面相互补充的程度，它同样是判断、选择各资源能否建立协同关系、形成协同体的依据和准则。如果供需网成员企业间存在专利资源互补性，将使得供需网成员企业之间的资源协同合作成为可能，其互补效应为双方企业带来利益，而不会发生利益的冲突。

3. 供需网专利资源协同的充分条件及其分析

供需网专利资源协同的充分条件是指供需网专利及其相关资源协同后

所涌现的功能倍增效应。这里的功能倍增指通过协作来实现供需网企业资源的优势互补、聚合放大、功能倍增或涌现的效应。

可见,在供需网专利及其相关资源协同管理方面,具备协同条件的资源遵循某种共同的机制和模式促使系统产生新的功能现象是完全能够实现的。供需网通过专利协同管理,专利资源实现共享和互补效应,从而产生"1+1>2"的协同效应。

二、供需网专利资源协同序参量分析

赫尔曼·哈肯阐述了慢变量支配原则以及序参量概念,他认为事物受序参量的控制而演化,演化的最终结构和有序程度则决定于序参量,即整个系统的性质是由序参量来决定的。供需网专利资源协同能力是慢变量,在系统的演化过程中决定着新结构的生成,因此,供需网专利资源协同能力是序参量。供需网专利资源协同能力是通过自组织过程协同形成,它是客观参量,是用于描述系统整体行为的宏观参量;它由微观子系统集体运动而形成,是合作效应的表征和度量,只有技术、文化、管理、组织等都达到趋于合作关系的临界状态时,供需网各成员企业子系统才会形成紧密合作关系,协同行动,并进而导致序参量出现,形成资源协同能力;它支配子系统的行为,主宰系统整体演化过程。

综上所述,本章分析了供需网企业专利资源的特征,提出了供需网企业专利资源协同的概念;依据协同学原理,从协同层次维度、协同主体维度和协同内容维度构建了供需网企业专利协同的概念模型;提出了供需网企业专利协同的三大原理;构建了供需网企业专利资源协同管理的过程模型,并以此作为后文研究的切入点。

第三章

供需网企业专利协同的机制模型

"机制"一词最早源于希腊文，原指机器的构造和动作原理。在本书中使用其引申义，即指系统内部各子系统或构成要素之间相互作用、相互联系和相互制约的形式、运动原理及内在的、本质的运行方式。依据不同的标准，机制具有不同的分类。例如，按照机制运作的形式划分，一般有行政-计划式、指导-服务式和监督-服务式三种；依据机制的功能来划分，有激励机制、制约机制和保障机制。供需网企业作为社会系统中的一个组织，不可能构建出一种机制，使它完全成为一个不需要管理者干预的自适应系统，但构建一个良好的机制，有助于企业提高管理效率，提高管理措施的针对性和适用性，有效降低管理成本；有助于保持企业系统的整体有序性，减少随意性和个案处理的几率，从"人治"走向"法治"；还可发挥机制的信息捕获和调整作用，促使系统内外信息畅通，增强供需网系统的功能。

借鉴 Sirkka 和 Blake（1994）、海峰（2003）的观点，参考丁铭华（2010）在《企业集团资源协同管理环状机制模型研究》一文中的研究成果，针对供需网企业专利资源协同管理的特殊性，本书构建了供需网企业专利资源协同管理的机制模型框架（图3-1）。

如图3-1所示，供需网企业专利资源协同管理的机制模型主要包括四大机制：供需网企业专利资源协同管理的形成机制、实现机制、进化机制和反馈机制。在供需网企业专利资源协同管理中，这四种类型的机制共同

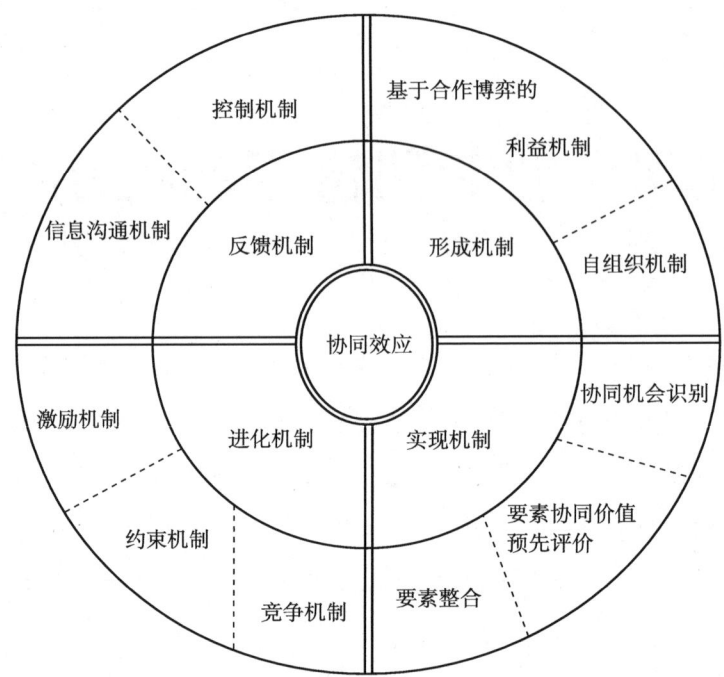

图 3-1　供需网企业专利资源协同管理机制模型

发挥作用，相互整合，形成供需网企业间专利资源协同的整体机制，促使供需网企业的专利资源通过协同运作和整合，实现供需网的整体目标，并向供需网资源协同优化的方向发展。

第一节　供需网企业专利资源协同管理的形成机制

供需网企业专利资源协同管理得以实现，是特定环境下的供需网企业为适应环境变化而不断自我演化和优化的结果。供需网企业专利资源协同的形成机制主要涉及两个方面：一是基于合作博弈的利益机制，二是自组织机制。

一、基于合作博弈的利益机制

参考张文莉（2007）在《专利联盟许可行为的博弈分析》一文中的方法，本书对供需网企业基于合作博弈的利益机制进行以下分析。供需网企业的专利协同管理可以看做供需网企业之间动态合作博弈的过程。供需网企业的专利协同管理特别强调成员企业之间建立长期的战略合作关系，这种关系需要经过一次次反复的博弈，以增强相互之间的信任。当博弈重复多次时，博弈参与人可能会为了长远利益而牺牲眼前利益从而选择不同的均衡战略，使在一次性博弈中往往不可能存在的合作成为可能。这种供需网企业间的合作与竞争的重复性动态博弈贯穿于供需网生命周期的全过程，这个过程就是供需网企业专利协同管理的形成机制。

假定供需网内有 n 个成员企业，其分别持有生产某产品所必需的一种专利，每个企业拥有的都是具有垄断权的专利，并假设每个专利对生产产品都同等重要。这里，将企业间的博弈定义为完全信息下的静态博弈，则专利许可企业可看做是 n 个博弈方，其策略空间就是他们选择的针对产品所收取的专利许可费用 l_i（$i=1, 2, \cdots, n$）。再进一步假设企业的许可成本为 0，那么企业的收益函数则为 $\pi_i = l_i Q$，每个企业都追求最大化专利许可所获利润 $\max \pi_i$。则可建立以下模型（张文莉，2007）

$$Q^* = \frac{a - \sum l_i}{2b} \tag{3-1}$$

$$P^* = \frac{a + \sum l_i}{2} \tag{3-2}$$

依据以上模型，通过决策分析可得供需网内企业同时博弈的支付矩阵（以两个供需网企业为例），如图 3-2 所示。

		企业 2	
		限额定价	超额定价
企业 1	限额定价	$\dfrac{a^2}{16b}, \dfrac{a^2}{16b}$	$\dfrac{5a^2}{96b}, \dfrac{5a^2}{72b}$
	超额定价	$\dfrac{5a^2}{72b}, \dfrac{5a^2}{96b}$	$\dfrac{a^2}{18b}, \dfrac{a^2}{18b}$

图 3-2　供需网内两个企业同时博弈的支付矩阵

从图 3-2 可以看出，虽然（限额、限额）是帕雷托最优解，但在同时博弈的情况下，供需网内的两个企业都会选择超额定价是均衡结果，即会出现所谓的"囚徒困境"。所以，当 n 个供需网成员企业单独决策并缺乏协调机制的时候，企业均会选择超额定价策略，目的是获得低于联合定价时的收益，从而成为一个有多个博弈方的"囚徒困境"。因此，供需网内的成员企业间一定的协调、约束机制的存在可以保证供需网专利协同管理系统的稳定性和协同效率的高效性。

由此可见，供需网成员企业间通过对他们拥有的专利及其相关资源要素的协同管理实现各自单独经营无法实现的目标，通过参与协同管理各自获得更大的利益，这即是利益机制的核心。而且，只有将供需网整体协同效应实现的收益进行公平合理的分配，使得参与跨企业协同的每个成员企业的收益都获得相应的增加，才会对资源协同产生正反馈。如果利益分配不公，那么即使供需网总体上取得了协同效应，但由于某些成员企业分享不到协同效应带来的收益增加，这些成员企业理性上也不会维持这种跨企业合作的关系，从而对跨企业的资源协同产生负面影响，正反馈作用就不会发生。因此，应当建立合理的利益机制，保障协同效应所带来的利益在各个参与企业中合理、公平分配。供需网企业间协调各资源要素之间的利益，实现互惠、互补、多赢与共同发展的利益机制，这将促进供需网专利资源协同管理的形成，也有利于供需网系统的稳定和发展。

二、自组织机制

外部环境作为供需网系统生存与发展的土壤,每时每刻都在影响着供需网企业系统的运行状况,物竞天择,适者生存,供需网企业专利资源协同管理系统形成本身就是适应环境变化的结果。自组织理论揭示出,供需网企业间专利及其相关资源要素在发生物质、能量和信息等交换的耦合中,相互约束、协同放大,这种非线性相互作用机制是供需网系统演化的根本动力。供需网专利资源协同实现的自组织机制主要体现在供需网的三个主体之间的非线性相互作用上,这三个主体分别是成员企业决策者、供需网合作伙伴及其员工。所以供需网专利资源协同的关键是要在这三者之间构建非线性相互作用的机制,以此激发供需网企业间专利资源协同管理的高效性,进而实现供需网战略目标的整体优化。

1. 供需网专利资源协同管理的受力分析

首先是供需网专利资源协同管理摩擦阻力。虽然供需网企业之间强调共享和合作,但是供需网企业毕竟是有着独立利益和需求的企业实体,所以供需网各成员企业的目标与定位自然有所差异,各成员企业的组织文化、思维模式不尽相同,其领导风格、经营理念、管理方式和工作流程等方面也各有千秋,它们对整个供需网的成本分摊、责任划分、利益分配和风险分担等方面观点难免存在分歧。由此可见,供需网企业的摩擦力会广泛存在,而且不能从根本上消除。摩擦力的方向与供需网专利资源协同管理系统协同发展能力跃迁的方向相反,阻力的大小与供需网企业之间资源的整合度、管理的协同度、人力资本的配置度等有关,与供需网专利协同管理的协同发展能力变化成正比,方向与专利供需协同体的协同发展能力的发展方向相反。具体可表示为

$$f = -\gamma v = -\gamma \frac{dx}{dt} \tag{3-3}$$

其次是供需网专利协同管理的协同能力。供需网专利协同管理在摩擦

阻力的作用下，供需网系统协同发展能力将逐步下降，并最终导致专利供需协同体系统的解体；为了克服摩擦力的作用，专利供需协同体通过自组织的信息沟通、资源整合、文化重构、风险控制和他组织的健全法制、加强监管、规范市场以及"防火墙"构建来促使其专利及相关资源要素之间产生协同力，提升系统协同发展能力，最终逐步增加专利供需协同体系统的协同价值。可见，专利供需协同体系统协同发展能力与其协同价值成正比关系，两个企业的利益趋同一致性越好，协同能力和协同价值越大。具体可表示为

$$F = ma \tag{3-4}$$

2. 专利供需协同体系统的自组织运动方程

专利供需协同体系统的协同发展能力是专利供需协同体系统的序参量，其维持和实现依赖于供需网的自组织运动。专利供需协同体系统协同发展能力是在专利供需协同体系统自组织演化过程中由专利、资金和人力资源之间的竞争与协同决定的。在一定涨落条件下，专利供需协同体系统内各子系统通过非线性的相互作用发生相干作用和协同效应，而且通过这种作用涌现或催化出新属性的、更为有序的系统功能结构。供需网的这种协同运动预示着系统新的高级有序状态的出现，这在宏观上就表现为系统的自组织现象。

专利供需协同体系统的自组织运动的典型方程可以表述为

$$\frac{\partial v}{\partial t} = (F - f)v - k_1 v^3 + c \tag{3-5}$$

式（3-5）表示供需网单个子系统发展能力的运动。供需网系统的状态随着时间的推移而改变，即状态矢量 $v=v(t)$。假定 v 的时间变化决定于以下几个因素：专利供需协同体系统当前发展能力 v、专利供需协同体系统协同发展能力 F、专利供需协同体系统的摩擦阻力 f。$-k_1 v^3$ 表示专利供需协同体系统协同发展能力运动的非线性，k_1 是 v^3 项的固定值系数。

那么，由此可获得专利供需协同体系统的势函数方程

$$E(v) = -\frac{1}{2}(F-f)v^2 + \frac{1}{4}k_1v^4 \qquad (3-6)$$

3. 专利供需协同体系统的动量及其加总

专利供需协同体系统中的专利、资金在受到摩擦阻力和协同发展能力的作用时会产生动量

$$\sum_i F_i = \frac{\mathrm{d}}{\mathrm{d}t}\sum_i m_i v_i = \sum_i \frac{\mathrm{d}p_i}{\mathrm{d}t} \qquad (3-7)$$

式中，$\sum_i F_i$ 为系统所受的所有力的矢量和；$\sum_i \frac{\mathrm{d}p_i}{\mathrm{d}t}$ 为系统的总动量。若用 F 和 P 分别表示所有力的矢量和系统的总动量，则式（3-7）可改写为

$$F = \frac{\mathrm{d}P}{\mathrm{d}t} \qquad (3-8)$$

进一步将其写为微分形式，为

$$F\mathrm{d}t = \mathrm{d}P \qquad (3-9)$$

式（3-9）中，$F\mathrm{d}t$ 称为系统所受合力的冲量，该式说明系统所受合力的冲量与系统总动量的增量相等。

本书认为，在供需网成员企业间专利资源协同管理实践中，宜采用"有控自组织"策略，通过 Web2.0 技术等自组织方式充分发挥成员企业各自的积极性。同时，通过政府政策引导、行业协会指导协调，通过供需网协管委员会的协同机会识别及对相关主体间利益协调等方式，使企业间能够有效开展专利资源协同管理。在追求供需网系统整体目标的过程中，参与协同的供需网成员不断地对供需网系统进行优化。在供需网专利协同管理中，自组织机制的作用表现为供需网主动适应环境变化，自觉调整供需网企业间专利及相关资源之间的相互关系，使供需网系统在总体上涌现出新的功能，从而实现供需网系统适应进化的目标。

第二节　供需网企业专利资源协同管理的实现机制

供需网企业专利资源协同的实现机制主要涉及三个方面：一是供需网企业专利资源协同机会的识别，二是供需网企业专利及其相关要素协同价值的预先评价，三是供需网企业专利及其相关要素的整合。

一、供需网企业专利资源协同机会识别

参考潘开灵和白列湖（2006b）在论文《管理协同机制研究》以及丁铭华（2009）在其博士学位论文《基于自组织的企业集团资源协同管理研究》中的观点，本书认为供需网企业专利资源协同机会的识别就是要解决如何高效寻求供需网内专利及其相关资源的协同机会之类的问题。在供需网专利协同管理实现过程中，识别协同机会是非常重要的一步，只有及时准确地识别协同机会，才能针对协同机会采取相适应的管理措施和方法，实现"1+1>2"的协同效果。可以说，识别协同机会是实现供需网专利资源协同的突破口。供需网企业协同机会识别要把握协同识别条件和协同识别原则等方面内容。

1. 识别供需网内协同机会的条件

系统处于不稳定状态是协同机会的前提条件，这是系统论的观点。供需网专利协同的目的就是促使供需网系统在临界状态产生涨落生成序参量，并在序参量支配下使供需网系统从宏观尺度上呈现出特有的有序结构及其功能模式，进而促使供需网系统保持和具有整体稳定性，获得供需网整体功能最大的效果。因此，供需网企业识别协同机会首先高度关注那些处于变革环境中的供需网成员企业的状态。换言之，供需网专利协同应主要研究以下问题：如何通过施加一定的管理，使得处于变革阶段或"临界点"状态的供需网企业产生主宰企业系统发展的序参量，促使企业系统有

序化，进而实现管理协同效应之目的。

供需网企业系统是处于不稳定状态还是稳定状态，在具体的供需网企业专利协同管理实践中可依据其运作情况作出初步判断。例如，若供需网企业各子系统或要素在运动形式上缺乏有序性，协调合作性差，供需网企业的各子系统或要素不是按照协同方式运动，分散化趋势明显，并使得整个供需网企业系统运转不畅，则可基本认为供需网企业系统处于不稳定状态，这时就应该因势利导积极开展企业内外的专利协同运作。当然，这种方法还只是一种经验层次上的判断，可以进一步采用系统的定量研究来识别协同机会，选择合适的合作伙伴。例如，可以选择层次分析法（analytic hierarchy process，AHP）（陈菊红等，2001）、数据包络分析法（data embed analysis，DEA）（戴毅茹和严隽薇，2002）、模糊综合评价法（fuzzy compositive evaluation，FCE）（Mikhailov，2002）、BP神经网络模型（陈志祥，2004）或应用小波网络方法（张新红，2004；唐卫宁和徐福缘，2007b）对供需网企业专利协同合作伙伴进行综合评价。考虑到小波网络具有许多独特的优良性能，诸如并行分布处理、自组织、自适应、自学习和容错性等，能较好地处理供需网专利协同合作伙伴选择中产生的多因素、不确定性和非线性问题，以下就来构建供需网企业专利协同伙伴选择的小波网络决策模型。

1）小波网络多指标评价模型

设函数 $\psi(t) \in L^2(R)$，如果 $\psi(t)$ 满足 $\int_{-\infty}^{+\infty} \psi(t) \mathrm{d}t = 0$，则称 $\psi(t)$ 为母小波。再将母小波函数 $\psi(t)$ 进行伸缩和平移，从而得到函数 $\psi_{a,b}(t) = \frac{1}{\sqrt{|a|}} \psi\left(\frac{t-b}{a}\right)$，其中 a、b 为实数，且 $a \neq 0$。

进而对信号 $f(t) = \in L^2(R)$，定义小波变换为，$W_f(a, b) = <f, \psi_{ab}> = \frac{1}{\sqrt{|a|}} \int_{-\infty}^{+\infty} f(t) \psi\left(\frac{t-b}{a}\right) \mathrm{d}t$，其中 a、b 分别为 $\psi_{ab}(t)$ 的伸缩因子。供需网专利协同合作伙伴选择的小波网络结构如图 3-3 所示。

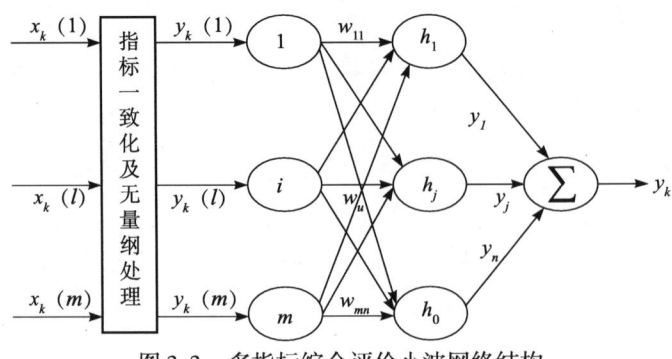

图 3-3 多指标综合评价小波网络结构

这里取

$$y_k = \sum_{j=1}^{n} \gamma_j \psi \left[\frac{\sum_{i=1}^{m} w_{ij} \gamma_k(i) - b_j}{a_j} \right] \quad (3\text{-}10)$$

式中，$x_k(i)$ 为输入样本 K 的指标 i 的原始数据；$\gamma_k(i)$ 为输入样本 K 的指标 i 的无量纲数据。以 D_T、γ_{ij} 为权重系数。我们这里采用了国外较多使用的 Morlet 母小波，其形式为

$$\psi(t) = \cos(1.75t) \exp\left(-\frac{t^2}{2}\right)$$

并定义网络的误差能量函数为

$$E = \frac{1}{2} \sum_{K=1}^{N} (y_k - \hat{y}_k)^2 \quad (3\text{-}11)$$

式中，$\hat{y}_k$ 为评价样本的实际评价值；y_k 为小波网络的输出值；N 为评价样本总数。通过参数 W_{ij}、γ_j、b_j、a_j 的调整，促使网络的误差能量函数达到最小。

利用小波网络进行供需网专利协同合作伙伴多指标选择评价的算法步骤：

(1) 赋予小波网络参数 W_{ij}、γ_j、b_j、a_j 一个随机初值，并规定最大次数 K。

(2) 将评价样本 K 的指标属性值 $\{x_k(i)\}$ 进行无量纲处理，转化为指标属性一致的无量纲数据 $\gamma_k(i)$。

(3) 将 $\{\gamma_k(i)\}$ 作为小波网络的输入值,并通过式 (3-10) 计算出相应的输出 y_k。

(4) 计算网络的梯度向量,为方便起见,令

$$\lambda_k(j) = \frac{\sum_{i=1}^{m} w_{ij}\gamma_k(i) - b_j}{a_j}$$

有

$$g(w_{ij}) = \frac{\partial E}{\partial w_{ij}} = \sum_{k=1}^{N}(y_k - \hat{y}_k)\left[\sum_{j=1}^{n}\gamma_j \frac{\partial \psi}{\partial \lambda_k(j)} \frac{\gamma_k(j)}{a_j}\right]$$

其中,

$$\frac{\partial \psi}{\partial \lambda_k(j)} = -\cos[1.75\,\lambda_k(j)]\exp\left(-\frac{\lambda_k^2}{2}\right)\lambda_k(j)$$

$$- 1.75\sin[1.75\,\lambda_k(j)]\exp\left[-\frac{\lambda_k^2(j)}{2}\right]$$

类似可求出 γ_j、b_j、a_j 的梯度。

(5) 采用共轭梯度法调整网络参数

$$S_t(w_{ij}) = \begin{cases} -g_t(w_{ij}), & t=1 \\ -g_t(w_{ij}) + \dfrac{g_t(w_{ij})\,\|g_t(w_{ij})\|}{g_{t-1}(w_{ij})\,\|g_{t-1}(w_{ij})\|}S_{t-1}(w_{ij}), & t>1 \end{cases}$$

(6) 返回步骤 (2),直到网络的误差能量函数满足要求或超过计算次数 K 为止。

2) 供需网企业专利协同合作伙伴选择小波网络多指标综合评价方法

具体应用小波网络多指标综合评价模型对供需网企业专利协同的合作伙伴做综合评判,采用18个评价指标,包括效益型的指标、成本型的指标等。首先需要将评价指标的属性 $\{x_k(i)\}$ 值进行无量纲化处理,获得指标属性一致的无量纲数据 $\{\gamma_k(i)\}$,对于定量指标的无量纲化处理可利用极差变换法进行,对"效益型"指标用 $\gamma_{ki} = \dfrac{x_{ki} - x_i^{\min}}{x_i^{\max} - x_i^{\min}}$ 转化,对"成本型"指标用 $\gamma_{ki} = \dfrac{x_i^{\max} - x_{ki}}{x_i^{\max} - x_i^{\min}}$ 转化,其中 k 为候选合作伙伴个

数，x_{ki} 为第 k 个候选伙伴的 i 指标的实际值，x_i^{max}、x_i^{min} 分别为评估企业中指标 i 的最大值和最小值。与此同时，对于定性指标，由专家根据相关资料分析打分（范围在 0～100% 之间）。专家打分后统计的指标值计算公式为

$$\gamma_{ki} = \frac{\sum_{j=1}^{n} y_{ki}^j - \max(y_{ki}^1, y_{ki}^2, y_{ki}^l, y_{ki}^n) - \min(y_{ki}^1, y_{ki}^2, y_{ki}^l, y_{ki}^n)}{n-2}$$

随后将收集的相关数据、专家评价分值作为基于小波网络合作伙伴选择评价的输入数据 $\{\gamma_k(i)\}$ ($i=1, 2, \cdots, 18$)；对应输入样本，系统的期望输出会是一个取值范围属于 [0, 1] 区间的代数值，它表示对合作伙伴的综合评价结果，得分越高，就说明所有评价指标上的综合表现越佳，该候选伙伴越好；相反，分值越低，该候选伙伴就越差。

3）案例分析

以某汽车集团及其供需网成员的专利协同为例进行初步分析。对收集的相关数据和专家打分进行无量纲化处理，得到以下数据（表3-1）。

表3-1 供需网合作伙伴的评价数据

指标	r1	r2	r3	r4	r5	r6	r7	r8	r9	r10
p1	0.95	0.82	0.74	0.88	0.69	0.98	0.88	0.93	0.91	0.78
p2	0.87	0.93	0.89	0.87	0.81	0.91	0.94	0.87	0.97	0.84
p3	0.75	0.95	0.78	0.91	0.90	0.89	0.79	0.91	0.92	0.82
p4	0.97	0.91	0.71	0.78	0.93	0.81	0.83	0.88	0.93	0.76
p5	0.78	0.89	0.84	0.83	0.96	0.93	0.78	0.78	0.89	0.65
p6	0.94	0.96	0.79	0.87	0.92	0.87	0.94	0.98	0.91	0.98
p7	0.96	0.90	0.69	0.79	0.79	0.92	0.72	0.98	0.92	0.78
p8	0.76	0.63	0.71	0.72	0.91	0.73	0.89	0.87	0.96	0.55
p9	0.96	0.92	0.83	0.98	0.92	0.96	0.91	0.92	0.89	0.87
p10	0.92	0.78	0.95	0.91	0.98	0.71	0.78	0.91	0.93	0.81
p11	0.96	0.89	0.96	0.97	0.86	0.96	0.89	0.94	0.96	0.98
p12	0.41	0.28	0.36	0.39	0.51	0.58	0.41	0.27	0.65	0.78
p13	0.51	0.62	0.79	0.60	0.69	0.59	0.57	0.82	0.78	0.69
p14	0.68	0.84	0.77	0.75	0.94	0.65	0.78	0.89	0.82	0.84
p15	0.97	0.92	0.98	0.91	0.89	0.88	0.87	0.95	0.98	0.89
p16	0.84	0.91	0.79	0.82	0.90	0.91	0.86	0.96	0.84	0.69

续表

指标	r11	r12	r13	r14	r15	r16	r17	r18	得分
p1	0.94	0.78	0.96	0.87	0.89	0.87	0.79	0.92	0.921
p2	0.98	0.98	0.90	0.79	0.95	0.79	0.78	0.79	0.945
p3	0.91	0.91	0.89	0.91	0.89	0.81	0.81	0.78	0.875
p4	0.93	0.79	0.79	0.74	0.87	0.78	0.93	0.65	0.823
p5	0.89	0.90	0.84	0.86	0.85	0.84	0.95	0.78	0.865
p6	0.96	0.95	0.91	0.88	0.81	0.95	0.87	0.92	0.946
p7	0.84	0.86	0.74	0.92	0.90	0.57	0.71	0.89	0.812
p8	0.89	0.82	0.69	0.95	0.83	0.89	0.75	0.75	0.765
p9	0.97	0.91	0.95	0.87	0.89	0.93	0.94	0.97	0.952
p10	0.80	0.95	0.87	0.97	0.86	0.91	0.92	0.89	0.918
p11	0.91	0.99	0.96	0.93	0.95	0.85	0.98	0.93	0.954
p12	0.54	0.63	0.78	0.32	0.29	0.46	0.48	0.37	0.457
p13	0.58	0.56	0.62	0.70	0.74	0.51	0.66	0.59	0.657
p14	0.73	0.71	0.69	0.81	0.91	0.93	0.71	0.68	0.734
p15	0.98	0.86	0.93	0.95	0.92	0.89	0.87	0.94	0.967
p16	0.91	0.92	0.86	0.89	0.85	0.65	0.46	0.91	0.875

表 3-1 中，前 10 组数据是已被选择的供需网的合作伙伴数据，利用这前 10 组数据作为训练集，对该网络进行训练，而后 6 组为测试集，它是待评价的对象。训练结果见表 3-2，6 组测试集的仿真评价的结果比较见表 3-3，显然供需网候选合作伙伴按从优到劣的顺序依次为：p15、p11、p16、p14、p13、p12。依据这样的定量分析就可以作出对供需网合作伙伴的科学选择和决策。

表 3-2 训练结果

伙伴编号	p1	p2	p3	p4	p5	p6	p7	p8	p9	p10
期望输出	0.921	0.945	0.875	0.823	0.865	0.946	0.812	0.765	0.952	0.918
训练结果	0.9221	0.9461	0.8672	0.8312	0.8647	0.9321	0.8134	0.7781	0.9518	0.9204
相对误差	0.119%	0.116%	0.891%	0.996%	0.034%	1.469%	0.172%	1.712%	0.021%	0.261%

表 3-3 测试结果和专家的评价结果比较

伙伴编号	p11	p12	p13	p14	p15	p16
期望输出	0.954	0.457	0.734	0.657	0.967	0.875
训练结果	0.9538	0.4621	0.7281	0.6656	0.9713	0.8761
相对误差	0.210%	1.116%	0.803%	1.309%	0.445%	0.126%

2. 识别协同机会的原则

正确识别协同机会除了认识其条件之外，还必须遵循一些原则，具体如表3-4所示。

表3-4　识别协同机会必须遵循的原则

原则	基本内容
适应性原则	基于动态、复杂多变的环境，作出快速、灵活、积极而有效的适应性反应，保持供需网企业系统的动态稳定性及其健康运行
互补性原则	供需网企业间通过取长补短形成供需网整体优势，进而提升其竞争力，促成管理目标最终实现。例如，如果顾客同时拥有供需网企业和参与者的专利价值超过单独拥有供需网企业的专利价值，则参与者是互补者，具有协同机会
利益共生原则	供需网企业间通过谈判协商并发挥人的主观能动性，把表面上看似对抗或竞争性的关系转化为"多赢"的利益共生关系
诚信原则	供需网企业间的协同实质上是基于一种对未来行为的承诺。由于环境和未来发展的不确定性以及协同本身具有的风险性，需要协同各方相互信任，共同合作快速而经济地减少不确定性
成本最小原则	供需网企业间的协同既有协同效应，也有协同成本；如果协同成本超过协同效应，这种协同不必要，不是真正意义上的协同机会
价值补偿原则	依据供需网企业协同要素的贡献大小把协同产生的利益进行合理分配，补偿其要素的投入和承担的相应风险

以韩国三星为例进行案例分析。韩国三星的知识产权战略实施中就遵循了表3-4所述的多项原则（王宪云和徐福缘，2011a）。例如，韩国三星为了适应复杂多变的环境在20世纪90年代适时采用了"用资本去换专利技术，专利合作共赢"的专利策略。韩国三星除了进一步加强公司内部研发及与其他公司签订技术转让协议外，还采取了两项新的战略举措：①在发达国家收购高技术企业（如1994年收购日本LUX公司，1995年收购美国AST Research的主要股份）；②与拥有尖端技术的竞争企业（如东芝、NEC、摩托罗拉、Western Digital、西门子等）结成战略联盟，共享技术。上述专利策略应用的一个成功实例是三星手机。20世纪90年代初，三星凭借其高超的市场分析能力，发现了未来数字技术的巨大潜力。于是，三星果断采取"用资本换专利技术"的策略，获得了美国高通公司当时并不被市场看好的CDMA技术的使用授权，并成功地将CDMA技术商业化，

1996年开发出命名为Anycall的手机,意思为在任何地方任何时间都能通话的手机。三星手机技术上的领先加上"惊奇、简约、亲和力"的产品设计原则,使其成为高科技和时尚的代名词,从而获得了市场上的空前成功。这使三星手机短时间内就进入三大手机生产商行列,全球使用人数由1997年的500万人急升至2003年的1.74亿人,手机市场占有率升至全球第二,仅次于诺基亚。

三星重视核心技术开发的做法获得了空前成功。三星走过了购买—学习—追赶—超越的历程,已在很多领域做到了技术领先。三星的阶段式技术追赶模式见表3-5所示。

表3-5 三星的阶段式技术追赶模式

	路径追随型追赶	路径跳跃型追赶	路径创造型追赶
追赶的重点	基于模仿的问题解决	基于创新的问题解决	基于模仿的问题定义
发展路径	已知	已知	未知
获取方法	已知(可获取)	未知	未知
基本技术	外国引进	自主研发	自主研发加战略联盟
风险	小	小	大
关键元素	逆向工程	工艺创新	产品及新的工艺创新
典型产品 (三星存储技术)	1K→4K→16K	64K→256K→1M→4M→16M→64M;闪存16M	256M→1G→4G;闪存32M→64M→128M→256M→1G→2G→4G→16G→32G→64G
典型产品 (三星手机)	模拟制蜂窝手机	Anycall、WiBro和DMB手机	第四代通讯技术的手机

三星会长李健熙先生在1993年倡导的"新经营运动"确定了三星要坚持推行高端品牌路线。他们清楚地意识到电子消费市场上的成功秘诀是将最先进的产品在竞争爆发之前就开始销售,以便在其他产品纷纷跟进、你的产品不再时尚之前获得一个好价格;再加上三星还拥有出色的市场调研能力,对有可能出现的新兴产业能够进行科学预测,先人一步抢占市场制高点,因此,三星通常都能将自己的专利或获得授权的专利快速产业化,从而在市场上获得丰厚的利润回报。

三星还将"专利经营"作为企业知识产权开发增值工作的"核心战

略",积极开展以转让专利技术为主要形式的知识产权有偿共享。三星专利的转让许可还扩大了三星在全球的影响,有利于三星专利标准化策略的实施。目前,三星已在许多国际标准上拥有了话语权。例如,蓝光联盟推出了全球光存储的蓝光标准,三星便是蓝光联盟的主要成员。三星在一些国际标准上拥有的话语权已经并将继续为三星带来丰厚的垄断利润。

2008年金融危机以来,信息产业中的计算机业、通信业和半导体业都遭受了很大的打击。在这种大环境下,三星采取与实力相当的竞争对手谈判和解的知识产权战略,节省已不充裕的资金,共同对付市场的后来者。例如,前后历时两年多、先后在全球打了21场官司的全球彩电巨头夏普和三星的专利纠纷在2010年2月5日签署和解协议,此前的所有官司将迅速撤销,同时双方还对互相使用这些有争议的专利达成了一致。

二、要素协同价值预先评价

供需网专利资源协同管理,其实质就是实现供需网专利资源的协同效应。通过预先评判专利及其相关资源协同价值的大小,就能够决定是否有必要进行管理协同,而且管理协同追求的根本目标就是获得专利及其相关资源的协同价值,促使供需网企业系统实现整体功能倍增。通过协同价值预先评估,既能预评出专利资源协同管理所带来的效应,又能挖掘出协同要素的价值。这里应该明确的是,协同价值预先评估时仅仅对协同过程中要素的价值进行判断毫无意义,关键是对要素使用的协同价值进行判断。专利协同价值评估就是要通过比较专利协同产生的协同价值与带来的协同成本的大小,决定协同的实际价值,即以专利协同产生的价值减去协同带来的成本之后的结果。必须强调,协同价值应该以最大化为原则,只有挖掘出供需网企业专利及其他相关协同要素产生的最大实际协同价值,才是管理协同所追求的意义。

考虑到供需网企业的专利及其相关要素在质量、相容性、互补性等方面存在差异,很难用精确的数值来评价其协同价值,因而采用模糊数学来进行模糊评价。供需网企业的专利及其相关要素协同价值模糊评价的一般步骤列举如下:

(1) 根据评判目的,建立评判因素集 U:

$$U = \{u_1, u_2, \cdots, u_n\}$$

(2) 由德尔菲法、AHP 模型确定以上各个评判指标的相对权重。以模糊向量 A 作为权重向量,则

$$A = \{a_1, a_2, \cdots, a_n\}$$

其中,$(0 \leq a_i \leq 1)$,$\sum_{i=1}^{n} a_i = 1$。

(3) 确定评价等级集 C。评价等级集可分为 m 个等级,记作 $C = \{C_1, C_2, \cdots, C_m\}$。

可以请若干专家对供需网企业的专利及其相关要素协同价值进行评估和定级,随后记录专家评定的各等级人数的比率,以此作为等级评价集。

(4) 建立要素评价矩阵。把各单指标评判向量结合起来,这样可得到从 u 到 v 的要素评价矩阵:

$$R = \begin{bmatrix} v_{11} & v_{12} & v_{13} & v_{14} \\ v_{21} & v_{22} & v_{23} & v_{24} \\ \vdots & \vdots & \vdots & \vdots \\ v_{n1} & v_{n2} & v_{n3} & v_{n4} \end{bmatrix}$$

(5) 进行模糊综合评判运算:

$$B = A \cdot R = \{a_1, a_2, \cdots, a_n\} \begin{bmatrix} v_{11} & v_{12} & v_{13} & v_{14} \\ v_{21} & v_{22} & v_{23} & v_{24} \\ \vdots & \vdots & \vdots & \vdots \\ v_{n1} & v_{n2} & v_{n3} & v_{n4} \end{bmatrix} = (b_1, b_2, b_3, b_4)$$

式中,b_j($j = 1, 2, 3, 4$) 就是模糊综合评判指标。在模糊综合评判中,考虑采用"逻辑乘、逻辑加"算子会丢失大量有价值的信息,因此,我们在模糊综合评判中采用"实数乘、有界和"算子。

三、要素整合

1. 要素整合的含义与方法

整合机制是供需网企业专利协同逐步有序化的过程，它是在供需网企业专利协同机会的识别及资源协同价值评估基础上对协同要素进行的权衡、选择和协调，以保障专利管理协同的实现。要素整合机制包括以下内容：①对供需网企业系统内部研发、设计等子系统或要素的配置和协调，例如企业的研发、专利及相关技术引进，还有设计、生产、营销、服务等子系统之间，都要做好衔接和配合，专利、资金、技术、人力资源等供需网的要素之间的配置。②对企业外资源的利用和整合，诸如企业间的并购、动态联盟，还有企业与政府、高校、科研院所在产、学、研方面的合作等。供需网企业间要素整合应该把目标集聚于专利新产品协同研发、开拓新市场和进军新兴行业，通过对供需网各成员企业专利、技术、管理、资金、信息、市场和人才等要素资源的重新组合，实现新的、更强大的协同优势，创造供需网更高的价值。供需网整合的实质就是最大化地开发挖掘供需网系统内各子系统或要素的优势，取长补短，促使供需网系统涌现出整体功能倍增效应。这种整合机制能够对专利及其相关协同要素的协同产生巨大的促进，从而改善或突破供需网专利协同发展的瓶颈，实现供需网系统的相关活动的价值增值和系统整体功能倍增效应，并使得协同要素发挥出最佳的作用。以上分析可见，供需网要素整合的方式和程度选择极其重要，它将直接影响供需网管理协同的效应及协同要素所创造的价值。

2. 供需网系统要素整合应遵循的原则

供需网系统正确进行要素整合，还应遵循一些原则，如表3-6所示。

表 3-6　要素整合应遵循的原则

原则	基本内容
一致性原则	基于实现专利管理协同效应的目标，供需网企业之间、企业内部专利及其相关要素之间必须协调一致、形成合力
系统性原则	在供需网企业专利及其相关要素整合过程中应作系统思考，注重供需网整体协同发展，不能只从局部考虑问题。即需要对组织结构、业务机构、人力资源结构等多方面进行调整，以使管理系统和业务系统适应新的协同战略
创新性原则	要素整合本质上是供需网企业系统变革或创新的过程。因此，在专利及其相关要素的整个整合过程中必须自始至终坚持创新性原则。通过要素整合努力实现管理、业务及组织创新等方面的突破
动态性原则	供需网专利及相关要素的整合是一系列复杂的动态过程，不可能通过一次整合就使得供需网企业实现所有的目标，即供需网专利及其相关要素整合是一系列计划、组织、实施和反馈控制的动态过程

第三节　供需网企业专利资源协同管理的进化机制

供需网内企业为适应复杂多变的环境，在供需网内外不断选择拥有互补资源的合作伙伴及合作时机，供需网企业的专利资源协同管理由此形成。与此同时，它又不得不在环境的发展变化中不断地进化，以适应发展变化了的新环境。供需网企业专利资源协同管理系统的演化过程不仅与企业家的风险感受及学习行为能力有关，还与双方博弈的支付矩阵相关，并受到供需网初始制度及环境状态的影响；供需网各成员企业专利协同发展现状及外部环境的随机涨落因素，从总体上决定了供需网专利协同能力跃迁的方向、速度和水平。供需网企业专利资源协同管理系统的进化机制主要包括三大机制：供需网专利协同竞争机制、激励约束机制及评价机制。

一、供需网专利协同管理的协同-竞争机制

竞争使得供需网系统内部各资源保持一定的个性，而协同促使供需网系统内部各资源趋向一致性；竞争推动供需网系统进化，而协同则促使供

需网系统趋向稳定。由此可见，正是协同与竞争的对立与统一推动并保障了供需网系统专利资源协同管理的稳定与发展进化。

哈肯认为，协同是系统呈现有序结构的直接原因。无论供需网专利资源协同管理的协同机制，还是其竞争机制，它们都是供需网专利及其相关资源非线性相互作用的结果。供需网系统序参量之间竞争与合作中的相干性会使得有些系统（或子系统）可能自发地发生突变，出现宏观的、空间的、时间的或功能的整体有序结构。利用协同学的支配原理分析可知，供需网专利协同能力是供需网专利事业发展的序参量，需要千方百计积极培育发展供需网的专利协同能力，并构建"合作-竞争-协调"这样的协同-竞争运行机制，促使供需网内部的专利及其相关资源要素之间相互制约和相互耦合，进而形成正负反馈环，最终实现协同效应。

供需网内部专利及其相关资源一旦形成协同竞争机制，就会促使供需网企业协同利用其专利资源、减少摩擦、实现价值增值，使得供需网在适应性、内聚力、吸引力和灵活应变能力方面大幅提升，进而保障供需网内外互利的良性循环得以形成，促进供需网整体利益最大化。

二、供需网专利协同管理的激励-约束机制

1. 供需网专利协同管理的激励机制

供需网专利及其相关资源要素的协同管理可以产生协同效应，使得供需网整体利益增加，再在供需网成员之间实施科学合理的利益分配机制，保障参与协同的每个成员企业都能实现利益增加，这将对供需网企业产生强激励。此外，还要特别注意对供需网企业员工建立起有效的激励机制，因为供需网企业员工是专利协同管理的主要实施者，主要依靠他们（尤其是技术创新者和职业经理人）来提升供需网核心能力，供需网的研发人才、管理人才是其技术创新、管理水平提升的最重要的支撑力量。构建有效的激励机制可以大幅提高供需网企业员工的创造性、自觉性及工作的热情，使得供需网员工最大限度地贡献其技术水平和才能，以保持专利协同

工作的有效性和高效率，从而保障供需网的绩效大幅度提升；反过来，绩效的提高又会提升供需网的利润，从而反馈给员工的回报自然就会增加，于是，激励员工愈发努力工作。由此可见，合理的激励机制能在供需网员工的需求-行为-目标-满足间形成一种正反馈机制，极大地调动人力资源的潜力，并促成组织目标和个人目标的协同化，使组织和个人共同成长。借鉴有关激励理论的国内外研究成果，比如经典的马斯洛的五层次需求理论、赫次伯格的激励-保健理论、道格拉斯·麦格雷戈的 X 理论和 Y 理论及麦克莱兰的三种需求理论等，还有我国魏杰教授提出的三种方法，即经济利益激励、地位和权力激励、企业文化激励等，本书构建了供需网企业间专利资源协同管理的正反馈激励机制，如图 3-4 所示。

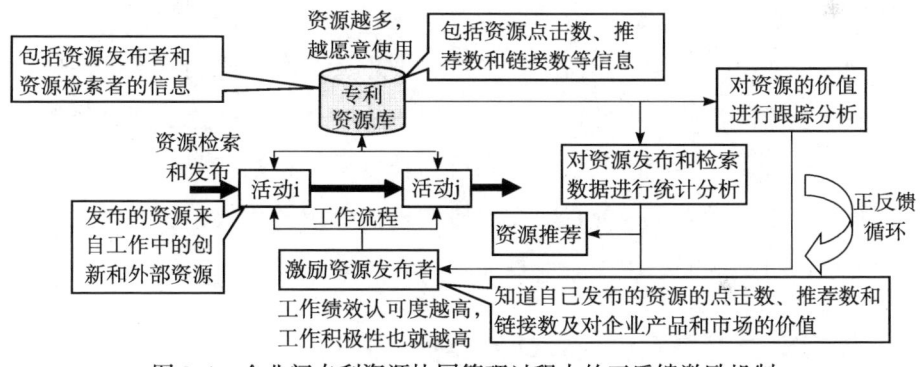

图 3-4　企业间专利资源协同管理过程中的正反馈激励机制

2. 供需网专利协同管理的约束机制

协同学理论告诉我们，系统内部如果仅仅存在正反馈作用机制，这样的系统就会无限膨胀，最终导致整个系统的崩溃。因此，约束机制作为供需网内部作的"负反馈"角色，它在供需网专利协同管理中发挥着同等重要的作用。供需网专利协同需要接受国家政策、法律、行业规章等的指导和约束，在供需网内部可通过规章制度、合同或"协议式"的条约、道德约束等知识型资源，对供需网全体员工的思想和行为施加约束。为了保障供需网健康有序的发展，必须在供需网内部建立起合理而有效的、非线性相互作用的激励-约束机制。

供需网企业专利协同管理约束机制是为保证供需网协同行为发生并实现协同效应的制约机能，它应该贯穿于供需网专利协同的全过程，具体表现在两个主要方面：一是供需网专利协同的形成机制的约束，二是专利协同的实现机制中的约束。二者合力打造了供需网专利协同过程中的强约束力。

总之，为确保供需网专利协同管理目标的最终实现，不仅需要构建针对供需网企业及其员工有效的激励机制，更需要一套完善的约束机制。供需网企业间应全面建立通用的信息系统，加强信息共享、业务互动和联合监管，专利资源协同管理中应尽可能使协同中的信息透明，对各企业的工作和专利资源的评价量化，以帮助解决企业间专利资源协同管理工作的非合作博弈问题，并支持合作博弈，形成一种正反馈激励机制。供需网成员企业融入供需网整体以求各自进一步发展的认同是供需网企业间合作的基础。供需网企业间形成协调政策与利益的长效机制特别重要；构建有效的冲突解决机制，设立统一的权威性的协调机构也极其重要，以便对发生争议和冲突的事件能够给予很好地解决。

三、供需网专利资源协同管理的评价机制

对供需网企业专利协同管理的评价本身并非目的，不是为了评价而评价，而是为了提升供需网整体专利资源协同管理的水平。因此，研究供需网专利资源协同管理的评价机制，对于测度供需网专利资源协同的成果具有极其重要的意义。这不仅有利于清楚地了解供需网专利资源协同的全过程及测评供需网专利资源协同的成果，而且有助于分析总结供需网专利资源协同过程中的经验与教训，并在今后的管理中加以借鉴，从而大大提升供需网专利资源管理的成功概率。

评价机制是供需网专利资源协同管理主体在进行协同管理之前对专利资源协同目标所应达到的效果和系统所处环境及目前状况进行比较、权衡

二者之间差距后而采取的行为方式（丁铭华，2010）。供需网专利资源协同管理首先强调专利及其相关资源的管理主体对供需网所处环境和目前运行状况、价值等诸多方面进行全面的评估，以期找出与实现协同管理目标所达到效果的差距。对供需网系统而言，要对资金、人力资源、技术、研发、采购、生产、营销、服务、品牌、管理等内部资源与能力进行评价。另外，还要对所处的环境进行评价，包括供需网整个外部环境、行业环境和单个成员企业的内部环境。如果评价结果发现通过协同不能改变系统目前的运行状况和产生的效果，则意味着协同是不必要进行的；如果评价结果相反，则说明协同是必要的。因此，协同管理的评估机制决定管理主体是否选择进行资源协同管理。

这里应特别强调，对供需网专利资源协同管理的评价应该融合于、服务于专利资源协同的全过程。换言之，供需网专利资源协同管理的评价是全过程评价，并非是独立的、在特定阶段才使用的方法的组合。供需网专利资源协同管理的全过程评价开展并整合了一系列相互依赖、相互支撑、阶段性进化的一系列活动，它本质上已大大不同于传统的效益评估，具备了质的提升。供需网专利资源协同管理全过程评价的核心是沿着供需网的战略方向，所有评价活动都以形成、完成和修正预期目标体系为核心，分别渗透到资源协同管理的各个阶段，成为推动专利资源使用效益最大化的动力。由于供需网企业的专利及其相关要素在质量、相容性、互补性等方面存在差异，很难用精确的数值对供需网专利资源协同管理开展评价，因而一般需要采用模糊数学对供需网专利资源协同管理进行模糊评价。

第四节　供需网企业专利资源协同管理的反馈机制

为了保证供需网企业专利资源协同管理系统的有效运行，供需网企业专利资源协同管理的反馈机制必不可少。该反馈机制主要采取两种手段——控制和信息沟通，以此来促使供需网专利及其相关资源的整体功能稳定发挥。以下探讨供需网专利协同管理的控制机制和信息沟通机制。

一、供需网企业专利资源协同管理的控制机制

首先，要维持供需网专利资源的协同，必须对各种干扰所引起的不协同性进行控制和调节。按照供需网及其成员企业的行为特性，本书提出了供需网内部和外部两套控制，如图3-5所示。

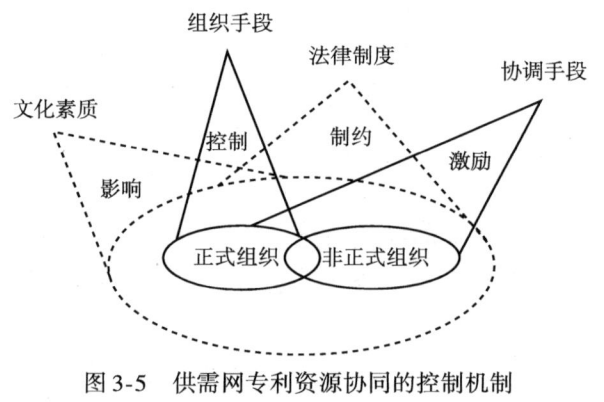

图3-5 供需网专利资源协同的控制机制

资料来源：丁铭华，2009。

从图3-5可以看出，供需网资源管理中内部环境（实线椭圆部分）控制机制包括组织手段的控制和协调手段的激励；而供需网外部环境（虚线椭圆部分）控制主要包括文化素质的影响和法律制度的制约两方面内容，它是整个供需网的外部大环境，它对供需网专利活动的开展影响极大，也对供需网专利活动产生重要的控制作用。由此可见，只有供需网的内/外部机制相互作用才能实现有效的控制。

供需网专利协同管理的组织手段对所有供需网内部的管理活动都有所涉及，它具体包括：计划何时需要何样的资源，何时资源整合、创建资源，资源的利用，资源划分和识别及释放资源等；而供需网专利协同管理

的协调手段主要是营造有利于协同的环境,具体包括组织氛围、员工的精神、素质、行为习惯等。依据系统论,供需网专利协同组织手段的控制、文化素质的影响、协调手段的激励及法律制度的制约之间具有相互作用关系,当然它们也分别对资源协同管理起到控制作用。组织手段对应着供需网及其成员企业内部的组织管理、规章、制度,法律制度则对应着外部的法律、法规,它们都需要强制实施,因此具有"硬"约束力;这二者之间又会相互影响和制约,适合的法律可以保护和约束组织的形式,同时,组织管理、规章制度又不能违背外部的法律、法规。而文化素质和协调手段则分别又对应着供需网企业人员的文化背景、道德规范、内部政策和人际关系,这是"软"的控制机制,它们也产生相互的影响,以一种"软"约束方式控制资源协同行为。

二、供需网专利资源协同管理的信息沟通机制

由于序参量的支配作用,供需网专利资源管理系统将从处于变革阶段的无序趋向于一种新的有序,呈现出新的时间、空间和功能结构,进而使供需网专利协同管理系统实现整体功能效应。这种整体功能效应是通过对供需网专利资源协同管理获得的一种结果。但该结果是否就是供需网专利资源协同管理所追求的协同效应,还必须通过反馈,把协同管理系统达到的结果与管理协同目标相比较才能得出结论。

供需网专利资源协同管理的反馈过程,实际上是一个信息的搜集和传递过程,即供需网专利资源协同管理,其反馈机制实质上是一种信息的沟通机制,需要弄清反馈的方式、反馈的内容及反馈的时间等。供需网专利资源协同管理反馈的内容,是指该反馈机制搜集或传递的信息所表示的含义。如需要反馈供需网企业间专利资源协同的绩效,以作为未来协作和利益分配的基础,前提是要对供需网企业间专利资源协同的绩效进行评价。在供需网专利协同管理中,何时进行信息反馈,要依据反馈内容和实际需要进行相应确定。例如对评价内容的反馈,每隔一段时间进行反馈即可,而对于突发事件的反馈,则必须迅速和及时反馈。

综上所述，对于像供需网这样多组织节点、多边关系构成的复杂网络系统，为保证其专利资源协同能力确实发挥序参量的作用，以上各项机制的保障必不可少。通过供需网专利协同管理的形成机制、实现机制、进化机制和反馈机制的作用，能够真正为供需网专利及其相关资源协同提供良好的形成及发展环境。图3-6是供需网企业专利资源协同过程的保障机制示意图，它使供需网对专利资源协同的能力得到增强，供需网成员企业针对供需网目标，进行复杂的互动、协调和整合，生成共享资源、协调行动的有序结构。

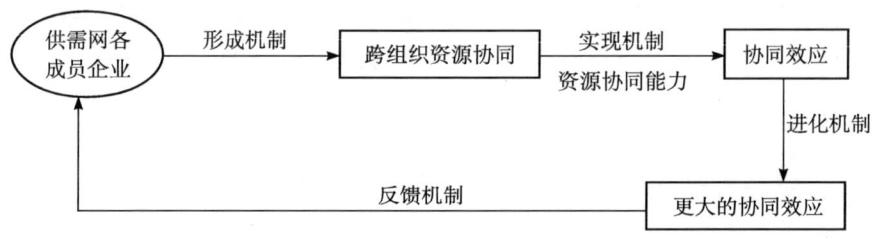

图3-6　供需网企业专利资源协同过程的各保障机制

资料来源：根据丁铭华，2009改编。

第四章

供需网企业专利协同的模式

模式（pattern）就是解决某一类问题的方法论，即把解决某类问题的方法总结归纳到理论高度。借助于一个良好的模式指导，往往能找到解决问题的最佳办法，有助于事半功倍地高效地完成任务。供需网专利资源协同管理模式是由供需网企业特定的管理思想、目标、手段和方法等构成的一个系统性的运作方式，其实质是专利及其相关资源之间相互关联的方式，它不仅反映了协同资源相互间的物质、信息交流关系，也反映了协同资源彼此间能量的互换关系。本章将首先从行为和组织两大方面分析供需网专利资源协同的模式，然后给出供需网专利资源协同管理的"5C2P"综合模式。

第一节 基于行为视角的供需网专利资源协同模式

借鉴丁铭华（2009）在其博士学位论文《基于自组织的企业集团资源协同管理研究》中的观点，本节将从行为视角出发，把供需网专利资源协同模式区分为三种具体的协同模式：一是互补性专利资源协同模式，二是互惠型专利资源协同模式，三是融合型专利资源协同模式。

一、互补型专利资源协同模式

基于功能互补的目的，供需网专利及其相关资源之间形成一种专利供需协同体。当供需网内某一资源的优势（或劣势）恰好是另一资源的劣势（或优势），双方便可通过协同来实现优势互补，这样构成的协同体就是一种互补型资源协同关系，它能够弥补彼此间的功能不足。比如，当供需网内某成员企业具有很强的技术实力但资金和市场营销经验不足，它就可以和供需网内具有资金优势的企业 A 及具有市场营销优势的企业 B 联合进行专利开发，这就是一种互补型专利资源协同模式，如图 4-1 所示。

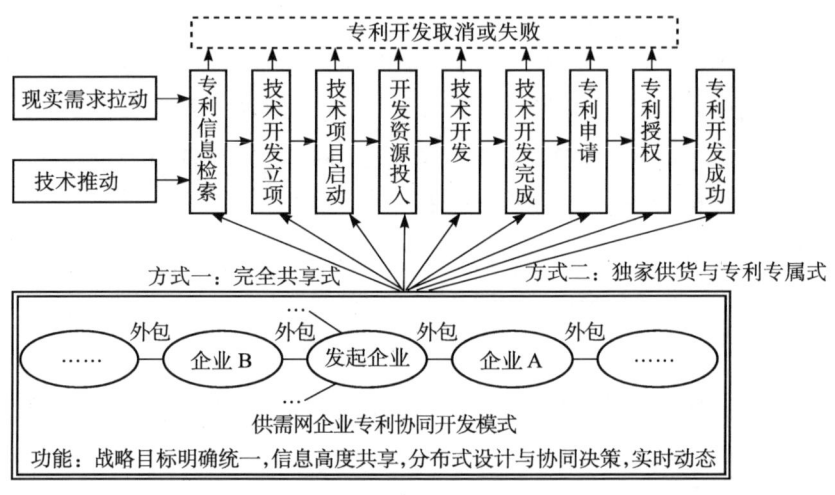

图 4-1　供需网企业基于功能互补的专利协同开发模式
资料来源：根据刘介明，2009 改编。

图 4-1 所示的专利协同开发模式实际上是供需网企业基于功能互补目的而生成的一种协同研发互动机制，而且搭建了专利协同开发的先进平台，有利于供需网成员企业之间信息高度共享与充分沟通后的协同决策。为充分发挥该专利协同开发平台的作用，它应具备以下特点（刘介明，2009）：①明确而统一的战略目标，以保证供需网企业相互间的战略协同；②广泛的信息共享功能，保障信息同步、统一与协同；③统一决策和分布式设计相互协同；④供需网企业彼此间进行实时动态交流和沟通等。经由此模式研发成功的专利，其专利权的归属主要有两种形式：①完全共享式，即所有参与协同研发的供需网企业共享一切专利信息和资源，同时也共同承担全部风险，在专利开发成功后

共享全部收益,并共同拥有专利权;②独家供货与专利专属式,即由专利研发的发起企业把专利研发的部分工作外包给其他供需网企业来完成,并订立契约承诺该供需网企业是本专利产品的永久唯一供应商,但专利权归发起企业专属,利用此种独家供货和专利专属的做法,依据契约中的约定来共享专利所产生的利益。

二、互惠型专利资源协同模式

为了充分发挥供需网内专利、技术、资金、人才等资源的功能,供需网企业间以互惠互利为基础,主要依据供需网中的供给与需求所建立的一种专利资源供需协同体,这就是互惠型专利资源协同模式。供需网企业往往分布于不同的专业领域,且一般是这一领域中拥有较强竞争力的企业,这就决定了不同的供需网企业在资源优势和专业技术优势方面各有所长。例如,供需网中的经销商企业可能具备营销网络资源优势,生产型企业在技术资源方面具有优势,物流供应商企业的物流规划与配送能力强,而供应商企业拥有较强的原材料资源优势等。以上这些资源优势利用恰当就能够在专利协同研发过程的许多阶段发挥重大作用。例如,供需网内某成员企业为了充分利用外部资源、实现资源优化配置、明显缩短专利研发周期和提高专利研发成功率,就可以和供需网内具有营销网络资源优势的经销商企业 A 及具有技术资源优势的供应商企业 B 联合进行专利产品的开发,形成一个供需网企业互惠型专利资源协同开发模式,如图 4-2 所示。

互惠型专利协同开发模式的主要特点在于供需网某成员企业基于互惠目的,将专利开发的部分工作外包给供需网的其他上下游企业,共同完成专利开发,并制定契约来规范约束参与合作的各企业。该模式主要有以下优点:①有针对性地将专利开发的部分工作外包给专业的供需网企业来完成,这有利于对外部资源的充分利用,实现供需网资源优化配置,避免重复投资和浪费;②能够使专利的研发周期显著缩短,并大幅提高专利研发的成功率;③该模式进行专利合作开发,一次性付清开发费用,开发成功

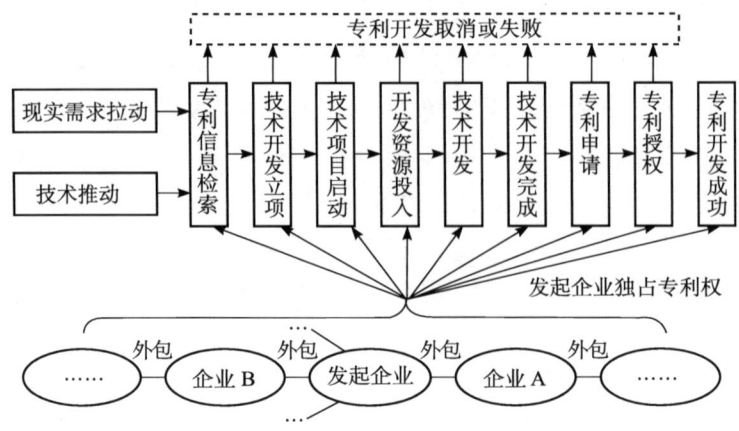

图 4-2 供需网企业互惠型专利资源协同开发模式

资料来源：根据刘介明，2009 改编。

的专利权归发起企业独有，能够使发起企业提高所拥有的自主知识产权数量，进而使发起企业提升其自主开发能力。但是，该种专利开发模式也存在一些不足，例如采用该开发模式开发专利的发起企业不仅需要支付高额的外包费用，而且还要承担外包所带来的以下风险：①承担外包任务的供需网企业因人员、技术能力等因素不能完成外包工作，致使项目失败的风险；②承担外包任务的供需网企业为谋取本企业私利，非法对外透露专利信息，导致专利价值降低的风险；③假如开发专利失败，发起企业将损失全部研发投资的风险。

三、融合型专利资源协同模式

融合型专利资源协同模式指供需网专利及其相关资源本着提升自身价值的目标，通过聚合重组，生成彼此交流、相互融合、协调一致的系统性资源，从而实现供需网专利资源协同管理的功能倍增和突变。在此模式中，各供需网成员企业资源呈现出和供需网专利协同体相一致的特征。例如，在供需网专利协同开发的过程中，各成员企业所拥有的专利、技术、资金、人才等优势资源将被共享、整合、集成和优化，从而保证快速开发出适应市场需求的专利新产品,获得丰厚的市场利润。这种融合型专利资源协同模式强调参与协同的供需网企业要在战略层、策略层和运作层全方位协同,强调供需网成员企业间人员、资金、设备和场所的广泛共享和优化配置,如图4-3所示(刘介明,2009)。

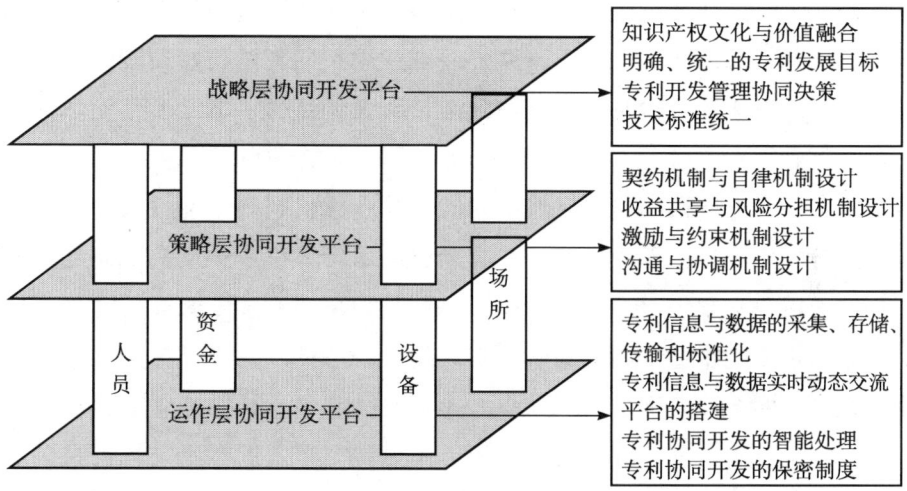

图 4-3　供需网企业融合型专利协同开发模式

资料来源:刘介明,2009。

图4-3中,战略层协同主要包括:①实现供需网知识产权文化与价值的融合。即努力培育形成供需网企业彼此对知识产权的高度重视、良好运用、自觉保护的文化氛围与价值观,它是实现供需网企业专利资源协同研发的基石和根本保障。②确定一个统一而明晰的供需网专利协同发展的战略目标。它能够清晰地引导供需网企业前进的方向,有利于达到专利研发的协同运作。③在供需网专利研发与管理中,进行协同决策。只有实行协同决策,供需网企业才能产生主人翁意识,才能保障对决策认识及决策的一致性反应,最终实现供需网企业专利的协同研发及协同管理运作。④采用规范统一的技术标准。在供需网企业专利协同开发中,一个统一规范的技术标准,能够使供需网企业之间应用统一的"交流语言"和统一的评价准则。

策略层是针对供需网专利协同开发所做出的策略安排和部署，具体包括：①设计契约机制与自律机制。设计与安排契约机制是供需网企业相互间专利协同研发的基石，其设计完备、合理与否，将直接影响着供需网企业在专利协同研发过程中的具体行为。由此可见，供需网企业的专利协同开发是一个复杂的系统工程，具有高度不确定性，因此，供需网企业专利协同研发的契约机制，一方面，需要综合运用长期契约与短期契约，灵活运用标准、正式、临时及短期契约甚至口头契约；另一方面，任何契约都不可能做到彻底完备、百无一漏，因此，还必须在契约机制的前提下，构建供需网企业专利协同研发过程中的诚信与自律机制等。②设计收益共享和风险分担机制。供需网企业加入专利协同研发，是一种彻头彻尾的市场行为，所以，必须设计并构建一个公平而合理的收益共享与风险分担机制，它是供需网企业专利协同研发实现的必备条件。③设计激励与约束机制。在供需网企业专利协同研发中，为了鼓励和引导供需网企业积极参与进来，杜绝有碍专利协同研发的行为，构建一个有效的激励与约束机制就显得十分必要。④设计沟通与协调机制。在供需网专利协同过程中，矛盾和冲突是不可避免的，因此，在实行专利协同研发的供需网企业间构建高效的沟通与协调机制是不可或缺的，通过有效沟通和对话，力争避免矛盾和冲突的出现，将矛盾与冲突消灭在萌芽阶段。

运作层主要指供需网专利协同研发所采用的具体手段和方法，其内容包括：①协同采集专利信息与数据，并对其进行存储、传输及标准化处理，从而保障供需网企业相互间顺利、快速、方便地开展专利信息与数据的传播、交互、共享与学习。②构建统一的专利信息与数据实时动态交流平台，方便供需网企业共同使用，促使供需网企业间快速、实时共享专利信息与数据，并能够方便地进行专利信息与数据的动态交互。③在供需网专利协同研发中开展智能处理。由于供需网企业专利协同研发过程中随时都可能出现突发情况，要想对其做出快速、敏捷反应，在供需网专利协同研发中开展智能处理就显得尤为重要。④建立供需网专利协同研发的保密制度。供需网企业专利协同开发过程中，由于信息的广泛、深入共享及合作深度与广度的连续拓展，保密管理就显得至关重要，因此，必须建立全面而严格的保密制度来保障信息安全，例如制定信息安全检查制度，建立数据保密分级管理制度，采用网络访问分级管理和防火墙技术等。

第二节　基于组织视角的供需网专利资源协同模式

从供需网资源协同的组织形式视角，本节把供需网专利资源协同模式区分为两种具体的协同模式：一是供需网成员企业间的专利资源协同模式，二是供需网成员企业内部的专利资源协同模式。

一、供需网成员企业间的专利资源协同模式

供需网成员企业间的专利资源协同模式，主要表现为供需网内跨成员企业的专利研发小组、营销合作组等。供需网企业间专利资源协同管理的体系架构如图4-4所示。通常把专利联盟的专利池，美国、日本、中国等主要国家的专利库等作为供需网企业专利协同管理的资源层，智能体等先进信息技术作为信息技术支持层，供需网企业间通过专利资源的协同获取、协同整理与分析、协同应用和协同评价实现供需网整体的功能倍增，其应用重点是供需网内跨成员企业的专利研发团队等。

二、供需网成员企业内的专利资源协同模式

专利信息是集技术信息、法律信息和经济信息于一体的宝贵的复合型资源。每一个供需网企业都必须千方百计培育自己的专利优势，增强其核心竞争力。而要培育自身的专利优势，一个重要的途径就是协同利用自身拥有的专利、技术、人才、资金等资源，高度重视技术部门、市场部门和法律部门的紧密协作配合。

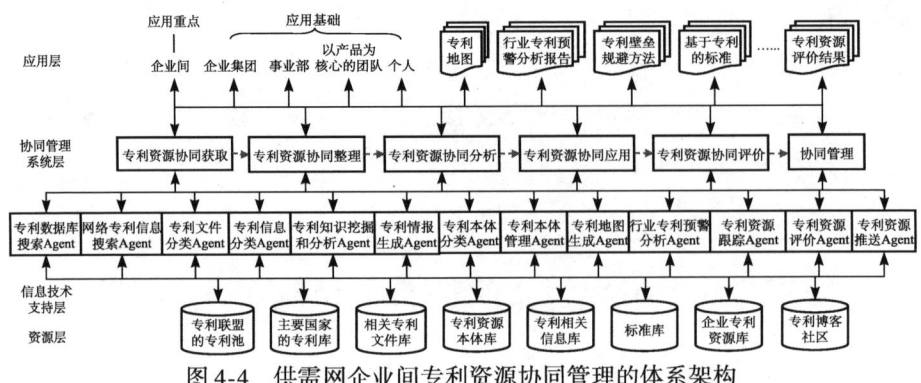

图 4-4 供需网企业间专利资源协同管理的体系架构

供需网企业可以成立一个独立的决策机构——企业专利委员会，该委员会中必须包含市场专家、研发专家及法律专家，他们共同决定企业的专利战略，指导供需网成员企业内专利资源协同开发。如图 4-5 所示，供需网企业专利委员会依据市场部门对现实需求的准确把握和技术部门对技术发展趋势、热点的掌握，在全面相关专利信息检索的基础上，选择有商业前景的技术开发项目。技术项目开发成功后，法律部门要及时跟进，判断是否存在专利风险。假如法律人士发现开发的技术项目绕不过其他企业掌握的核心技术，而且又不能获得该核心技术的授权，就只能取消这项专利开发；如果没有专利风险，则选择其中新颖的、具有巨大市场潜力的技术申请专利并获得授权。这样通过企业各部门的全面配合、广泛沟通交流快速开发出无专利漏洞的新产品，力争获得丰厚的市场利润。

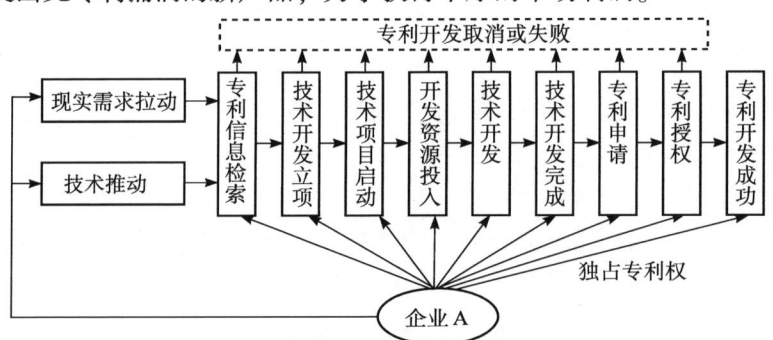

图 4-5 供需网成员企业内专利资源协同开发模式

总之，供需网为了充分而完全地发挥其一体化的优势，就必须依据供需网的整体发展战略目标，并针对外部环境的变化，对供需网内的各种控制关系和资源要素实行合理调整及整合，此即供需网专利资源协同的过程。

第三节 供需网专利协同管理的"5C2P"综合模式

在总结提炼国内外具有专利优势的企业成功的案例基础上，简化和综合第三章关于"供需网企业专利资源协同的机制模型"的研究成果，本节提出供需网专利资源协同管理的"5C2P"综合模式，即"5协同+双平台"模式。

一、供需网专利资源协同的"5C"内涵分析

1. 供需网企业个人及团队之间的专利协同

供需网企业个人及团队之间的专利协同不仅包括供需网企业内部个人及团队之间的专利共享与协同，还包括不同供需网企业之间的个人及团队之间的专利共享与协同。这种供需网企业个人及团队之间的专利协同需要供需网企业的IT/IS提供先进的信息技术手段，如Web2.0、本体、多智能体技术的应用，将本体及多智能体技术应用到供需网企业专利资源协同管理。

2. 专利合作体

基于合作竞争、合作为主理念，供需网企业与具有功能互补的企业组建专利合作体，针对某项技术或产品进行合作研发。由于不同供需网企业间的资源和能力各有优势，通过构建专利合作体，企业的资源和能力实现互补，从而减少创新成本，提升创新速度，实现参与各

方多赢局面。

3. 供需网上下游企业及用户之间协同

通过与用户合作，供需网企业进行持续创新，以更好地满足不断变化的用户需求。而与供应商合作时，企业也成为用户，企业与供应商进行有效沟通，使供应商明确创新需求，并以各种方式参与协同创新。这种形式能够缩短技术创新周期，降低成本，并提高创新成功率。

4. 产学研结合（供需网企业与高校、科研机构协同）

产学研联盟是供需网企业专利协同的一种重要机制，即供需网企业与高校、科研机构开展技术创新的合作。高校和科研机构在人才、技术、信息及试验手段等方面具有优势，而企业具备较强的市场开发能力，况且企业与高校、科研机构不构成同业竞争关系，故两者联合能够实现优势互补。这种联盟易于确保专利成果的商业转化率和市场成功率。

5. 供需网企业与国家创新系统协同

政府的公共研究机构和企业自身的研发部门要分别承担其相应的研究开发职能，构建分层次的研发体系。比如，政府要加强扶持和推进基础研究和共性技术研究，企业创新研发的重点则应该是提供满足市场需要的产品或服务。政府出台各种政策引导和鼓励银行向供需网企业协同研发项目优先贷款，并建立健全供需网企业专利质押融资的信用担保体系，以有效解决供需网企业的资金瓶颈。行业协会和供需网专利指导委员会牵头进行各种专利协同活动。此外，还应大力加强专利中介服务机构的建设，着力推进人力资源的开发，努力为技术创新提供智力服务。

二、供需网专利资源协同的"2P"内涵与要点

"双平台"是指支持和保障供需网企业专利协同的两个重要平台，简

单介绍如下。

1. 供需网创新网络

供需网创新网络是指各个行为主体（供需网企业、大学、科研机构、中介服务机构和地方政府等）之间在长期正式或非正式的合作与交流关系的基础上所形成的相对稳定的关系系统。完善的供需网创新网络是实现供需网专利协同管理的基础和重要保障。供需网创新网络的行为主体结构关系如图4-6所示。

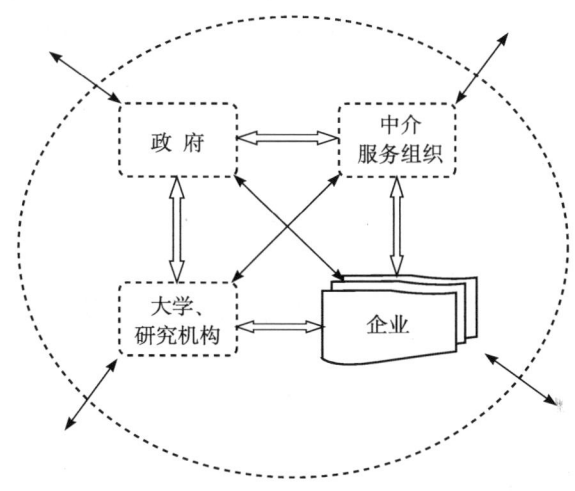

图4-6　供需网创新网络的行为主体结构关系图

资料来源：胡宇辰，2005。

2. 企业间专利资源协同管理系统

浙江大学顾新建教授领导的团队，开发了"企业间专利资源协同管理系统"。该系统是支持和保障供需网企业专利协同的优秀平台，应该充分发挥其作用。企业间专利资源协同管理的过程模型如图4-7所示，它主要包括信息基础层、专利信息获取和整理层、专利资源基本分析层、专利资源深度分析和应用层、专利资源评价层等。

在图4-7中，通过多种Agent为供需网企业提供各种专利信息服务，

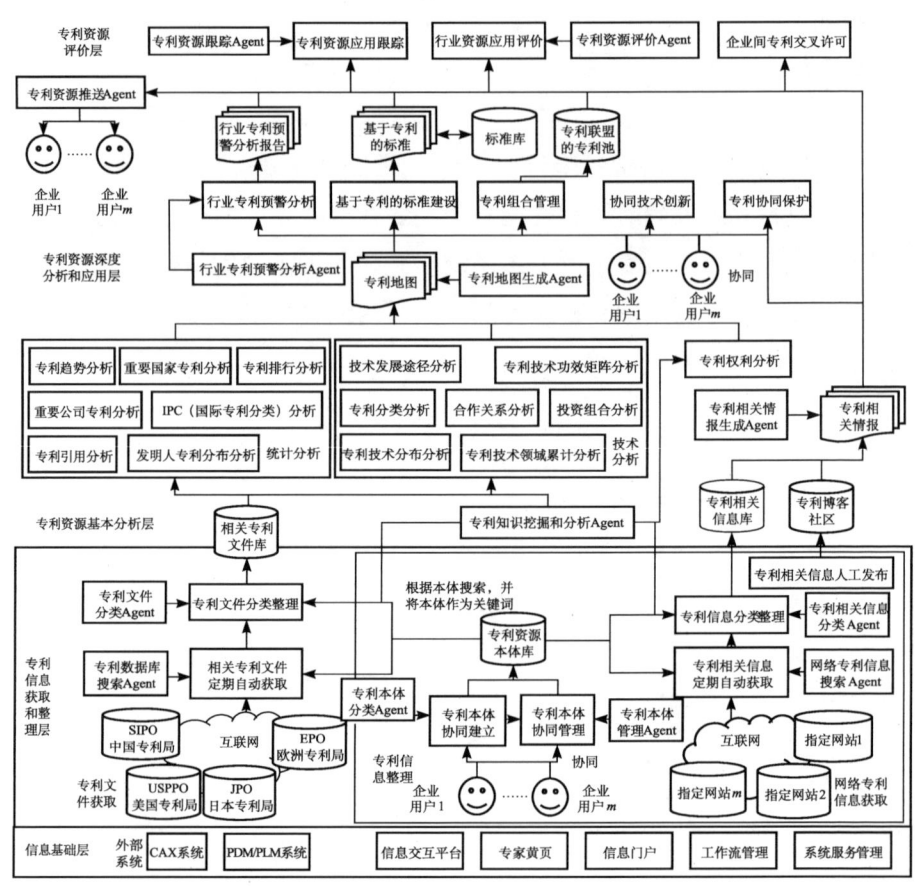

图 4-7 企业间专利资源协同管理系统的过程模型

资料来源：顾新建，2009。

支持开展企业间专利资源协同管理；通过多种搜索 Agent，自动搜索专利数据库和互联网中的专利相关信息，解决初期的专利资源稀缺性问题；通过协同管理系统，方便企业间的交流和沟通。图 4-7 中的智能体有以下具体类型：

（1）专利数据库搜索 Agent。它能够定期自动搜索所指定的国内外专利数据库，还可以将搜索结果自动发送到指定的网站。

（2）网络专利信息搜索 Agent。它能定期自动搜索特定的国内外网站，寻找和专利有关的网络信息与知识，还可以将搜索结果自动发送到指定的网站。

（3）专利文件分类 Agent。它对获取的专利文件进行分类，并在相关专利文件库中存储分类结果。

（4）专利相关信息分类 Agent。它对获取的专利相关信息进行分类，并在专利相关信息库中存储分类结果。

（5）专利知识挖掘和分析 Agent。对企业专利资源库、相关专利文件库、专利池或专利相关信息库，进行自动专利知识挖掘和分析，包括关联分析、聚类分析、趋势分析等。该 Agent 实际上是一组 Agent，分别进行不同方法和内容的专利知识挖掘和分析。主要集中在技术分析和专利权利分析方面。

（6）专利情报生成 Agent。在所搜集的专利相关信息基础上，定期按照指定的模板，形成专利情报，自动发布到指定的网站。

（7）专利本体分类 Agent。它能准确地搜索已包括在专利本体库中的本体，保证正确地建立专利本体。

（8）专利本体管理 Agent。它帮助用户实行专利本体的协同管理。具体功能如下：①在专利本体库中，对专利本体的使用次数进行自动记录，并在用户检索时，以使用次数多少的排序形式呈现给用户；②对标准本体与关联本体的组合使用情况进行自动记录，并将组合使用情况依据使用频次显示。

（9）专利地图生成 Agent。在专利知识挖掘和分析的基础上，按照需求，形成专利地图的草稿，自动发布到指定的网站。目的是减少专利地图起草的工作量。

（10）专利预警分析 Agent。可定期自动搜索指定的国内外专利库的指定内容，进行指定内容的自动分类和分析，并按照指定的模板，形成专利预警分析的草稿，自动发布到指定的网站。目的是减少专利预警分析报告起草的工作量。

（11）专利资源跟踪 Agent。可对整个企业间专利资源协同管理系统中指定内容的操作、数据、文件等进行定期记录、检索和整理。

（12）专利资源评价 Agent。可按照专利资源评价指标及权重，进行指定的评价计算，并将评价结果自动发布到指定的网站。目的是减少专利资源评价的工作量。

（13）专利资源推送 Agent。将有关专利资源和分析结果定期、主动推送给有需要的、并有权限的企业和人。

综上所述，本章首先基于行为视角分析了供需网专利资源协同的三种模式，即互补型专利资源协同模式、互惠型专利资源协同模和融合型专利资源协同模式；其次，从组织方面对供需网专利资源协同模式进行分析，具体包括供需网成员企业间的专利资源协同模式和供需网成员企业内的专利资源协同模式；最后，给出供需网专利资源协同管理的"5C2P"综合模式，即"5协同+双平台"模式。在后续研究中，我们将采用点面结合的实证研究法，设计并发放供需网企业专利协同管理与实现途径的问卷调查表，同时选择几个典型供需网企业开展深入的案例研究和跨案例比较，然后使用结构方程模型对样本数据进行分析以验证书中提出的系列结论。

【专论4-1】　论政府专利资助政策协同[①]

专利资助政策是国家和地方各级政府积极运用财政政策的调控功能，以政府财政专项费用的形式补贴专利申请、审查和维持费用，以促进自主创新和专利事业发展的一项重要举措。从我国实际运行效果来看，该政策最直观的效果表现为专利申请量的快速增长，但同时也派生出问题专利的弊端，导致财政资源使用效率的降低。因此，如何对专利资助政策进行合理设计与科学管理，特别是各级政府专利资助政策如何有效衔接从而发挥政策运行的协同效应，是一个非常值得分析和探讨的重要问题。

---

① 资料来源：根据刘华，刘立春.2010.政府专利资助政策协同研究.知识产权，20(116)：31~36的内容改编。

一、一个检验政府专利资助政策协同效应的案例

某部属高校完成了一项由国家自然科学基金资助的项目,其主要成果是具有广泛除草活性的新农药品种,自申请中国发明专利公开后,立刻受到一些国际知名农药公司的关注,希望申请人提供样品并开展进一步的合作研发。为使自主知识产权在国际合作中得到保护并获得可预期的市场回报,该校亦就此主题申请了 PCT 国际发明专利,然而该技术的国外专利申请需耗费极大的人力和财力,而该基金项目经费总额不足 30万元不足以支撑庞大的申请费用。但如果选择对此有兴趣的国外公司来承担,在权利归属和以后的利益分享上也无疑会形成可以预见的隐患。鉴于高校所在省市均实施了专利申请资助政策,该高校分别向省市主管部门提出请求,答复是市财政资助对象仅限于本市企业,而省财政的资助则需在授权后的第二年度到位,且资助额度较小。迫于费用的压力,该校不得不在 PCT 专利进入具体国家阶段后放弃多数原指定国家和地区,仅进入了其中一个国家的专利审查程序。财政部于 2009 年 10 月 13 日印发了《资助向国外申请专利专项资金管理暂行办法》(以下简称《暂行办法》),这是我国第一次由中央财政设立资助向国外申请专利专项资金,实施国家层面的专利申请资助政策,该高校积极响应并提出了资助申请。但仍有一点需关注的是,《暂行办法》第七条规定:"凡获得中央财政科技研发资金以及地方财政有关研发资金支持向国外申请专利的项目,不得重复申请资助。"而事实上相当部分的政府财政研发项目经费中并不包括或不完全包括专利申请,尤其是国外专利申请的费用预算,该规定是否可能将一些优秀的政府财政支持研发所形成的发明专利排除在资助范围之外,还有待政策实施后的观察。

此案例对政府专利资助政策的协同效应提供了一次实证检验,一项优秀发明专利在看似完备的各级政府专利资助政策体系的实际运作中,却得不到及时和有力的支持,而在技术创新的初期就指望国外资本的介入来解决国外专利申请的高昂费用无异于饮鸩止渴。我们认为,要使有限的财政资源能够解决高质量和具有商业价值专利所需费用的

难题,其解决思路还必须以资助标准的完善和各级财政资助政策的协同为切入点。

二、国内外专利资助政策基本状况的考察

(一) 国外基本状况

不少国家实施形式多样的政府资助专利费用的政策。在新加坡,对一个申请单位的资助可达3项,初期申请每项提供50%资助,各不超过5000新加坡元,后期申请每项提供50%资助,各不超过25 000新加坡元;韩国政府对个人和小企业申请国外专利和实用新型专利资助申请费额度为每人3件,每件不超过200万韩元,被认可为优秀发明的专利,政府还将资助自其申请国外专利日起前两年的国内申请费用;墨西哥斯旺西知识产权计划对企业知识产权相关的商业和法律费用给予60%的补助金(最高可达6000英镑);爱尔兰企业局的专利资助计划的资助额度初期可以达到专利费用的100%,后期随着项目的进展而递减。

国外专利资助政策大多采取了分阶段、比例配套、限额资助的形式,这种资助方式的优点是根据专利申请的不同阶段来调整资助额度并由政府与申请人按比例分担专利费用,避免了无商业价值专利的申请。

(二) 我国基本状况

我国地方政府自1999年以来普遍实施了资助专利费用的政策,各地方政府主管部门在制定各自专利申请资助政策时大都充分考虑了本地区技术发展水平和经济实力,据此所形成的地方专利资助办法大体分为两类。

(1) 实报实销型。该办法不区分三种专利的类别,以在申请专利过程中发生的实际费用为资助对象,这种政策避免了重复资助的可能性,在一定程度上可节约支出。但授权后专利的年费如何支付是一个受市场影响很大的市场主体的行为选择,该阶段的专利费用是否还应由政府资助以及怎

样资助则是一个更为复杂的政策抉择。

(2) 类别定额资助型。该办法根据申请专利的类别不同，予以不同额度的定额资助，该资助方法是每年资助额度变化成比例。在一级政府的资助政策中，此种方法的资助额度一般少于专利费用的实际支出，它可能导致两方面的问题：一是多级政府对同一项目的重复补贴，造成财政资源的浪费；二是资助额度非常有限，不能满足某些重点项目申请国外专利的费用要求。

三、我国专利资助政策存在的问题

我国的这种国家宏观指导性政策长期缺位，而以地方政策为依据、地方财政为支撑、各级地方专利行政管理部门为政策执行主体的政府资助专利费用运作机制的优点是资助形式便捷和资金到位迅速，较大程度地解决了创新主体申请或维持专利时的经济负担，客观上也大幅度提升了各地区专利申请量。然而，由于缺乏基于国家利益立场的宏观政策指导，加上无偿的政府财政专利费用资助政策与基于市场规律的专利制度的运行机制的对接本身就是一个政策实践中的难题，故这种机制下的弊端也就显而易见，主要表现在以下几方面：

(一) 基于地方利益立场，专利资助政策协同性差

在专利权的确立和使用的整个过程中，专利申请人、专利权人、专利实施人往往不是同一主体且不在同一地区，或单位位于某地区但其行政隶属关系不属于该地区，而地方性政策往往只支持隶属地方的企事业单位的专利费用。这使得各级政府在专利费用资助政策的衔接上可能存在盲点。前述某高校的案例就非常典型，一项好的专利技术就因为得不到相应的政策支持而大大缩小其未来的市场面。在实践中，专利权人和专利实施人分属两地的情况十分普遍，而专利权人所在地区在资助时往往会倾向于被资助项目由本地区企业的实施，专利实施人所在地区也通常因为专利权人不属于本地区，地区政策只能提供少量资助或根本没有资助，这些基于地方利益立场的政策显然不利于技术在市场中的自由流转。

随着不同地区科技经济合作的不断加深，跨地域的科技创新和技术转移日益频繁，如果现有的各级地方专利资助政策缺乏相互协同的构架，那么这些政策的运行就容易出现专利费用资助的盲点或重复点，从而大大降低政府专利资助政策的效用。

（二）资助对象及资助额度的设置不够合理，没有资助重点

一方面，不同类型专利的费用对申请人的负担具有很大差别，而资助政策中未能有效体现这种差别，尤其是对发明专利及向国外申请专利的现有资助比例很难起到较好地解决专利费用负担的作用，这使资助政策在客观上仅起到了重点解决实用新型和外观设计专利费用以及专利申请总量问题的效果；另一方面，不同类型或不同技术领域的专利对经济发展的作用亦有显著差别，地方资助政策大多并未对具有广泛市场前景的重点专利进行重点资助，致使政府资助弥补市场主体投资盲点的功效很难发挥，进而也使政策难以引导专利申请结构进一步优化以促进专利申请质量与数量的协调提升。

上述问题存在的原因不仅仅是地方主管部门的政策水平问题，由于地方财政的经费有限但同时还必须完成年申请量任务，扩大资助对象、降低单项资助力度就成为不得不为之的"对策"，长此以往无疑会使专利资助政策的实际效果与政策的初衷发生偏离，甚至会助长一些投机者通过简单的、重复的实用新型或外观设计来套取资助以获得申请量。

（三）受资助专利的质量较差，不稳定、重复资助的问题较多

地方政府主管部门较多以专利申请为起点实施资助程序，资金兑现到位专利资助的任务就基本完成，而不再过问申请是否获得专利权及权利的稳定性；也有一些地方政府主管部门实行的是申请、实审、授权等相关费用在相应阶段给予资助，该方式的资助程度较前者在专利程序上更加深入，但依然与专利技术的质量尤其是市场价值没有发生直接的关联；重复资助问题主要出现在实用新型与外观设计专利上，由于这两类专利采取形式审查

制以及第三次修改前的《专利法》对实用新型与发明双重申请的许可，客观上使重复申请下的重复资助的发生具备了制度基础。

实证研究也表明上述情况并非个案。已受资助的专利中高比率地出现未获得授权、授权后未维持有效、重复授权、资助申请人未缴纳已资助专利费用以外的后续费用等法律状态异常变化的现象，表明无质量意识的专利资助政策措施的调整和完善已迫在眉睫。

（四）专利资助与相关管理部门未建立信息交换机制，缺乏重点资助项目的信息来源

对于技术创新及技术转移全过程的资助和管理，在我国往往涉及多个主管部门，诸如财政部门、科学技术管理部门、知识产权管理部门及发改委等，由于目前这些部门间缺乏有效的管理信息沟通机制，科技创新和技术转移管理部门已经获得的准确且专业的项目评价信息难以与专利资助管理部门分享，加上专利资助的审批和后续的绩效管理机制尚不完善，导致重点项目缺乏专利资助经费的情况下，一些问题专利却分享着政府财政资源。

四、实现我国各级政府专利资助政策协同的宏观思路

我国在实施专利法后的科技创新大致可分为三个阶段：第一阶段以难度相对较低的技术创新和对国外技术的改进为特点，初期的这种技术创新仅仅是提供给发明人所在单位内部使用，大多不涉及单位外部的技术转移问题，该阶段的创新成本相对较低；第二阶段的创新以针对我国经济建设中实际技术需求的创新为特点，技术创新的人力和物力投入增大，大多由本地区或少量跨地区的国内科研院所和企业共同进行技术研发；第三阶段是随着我国国力的日益增强以及建设创新型国家目标的确立而形成的，投入的大幅度增加及创新实力的提升，使高投入、高水平、跨地域合作的技术创新成为这一时期技术创新的重要特征，国内不同地区间及国际合作与交流成为科技创新的常态，跨地区、跨国界的技术转移亦十分频繁，因此该阶段专利的国际保护问题就显得尤为突出。

目前我国地方政府实施的专利费用资助措施多是以第一阶段和第二阶段初期的情况为依据制定，这在当时对鼓励技术创新无疑起到了积极的推进作用，而且该阶段技术创新大多仅涉及本地区内，权利归属单一，在管理上也相对简单，较少涉及区域专利政策协同的问题；就目前我国技术创新所处阶段观察，由于研发的地域性拓展，不同地区之间的政策冲突的弊端显露无遗。随着技术及经济环境的发展，原有的专利制度可能已不适应发展的需要，因而应根据技术及经济发展的需要制定新的专利政策。故仅靠各级地方政府各自为政的专利资助政策体系已明显不能满足发展的需要，就当前的专利资助政策体制的变革，我们有以下思考和建议。

（一）宏观指导政策——主导各级政府专利

资助政策的协同运作对专利资助政策的考察不仅应当关注以各种规则形式存在的政策内容，更应注重它们之间的相互关系，以发现不同政策措施的实施中其效用是在叠加还是在抵消。已有研究表明：政府对资助范围的限定比较盲目，没有结合专利产出结构优化的效应，使得政府资助专利费用的实施反而加剧了专利产出结构的失衡。故加强决策部门之间的互动与合作，实现各级、各类政策的协同实施是我国专利资助政策体系有效运行的关键。为避免政策主体之间各自为政、各守一方的局面，国家层面的政策制定者在制定宏观政策和建立协同机制时应注意明确政策系统的整体价值目标，并敦促地方各级实施政策安排和相关配套措施。为改进我国专利资助政策目前的局面，我们认为有效办法应由国家知识产权局制定一个专门的政策指导性文件，统筹部署各级地方知识产权行政主管部门在资助对象、资助标准、资助办法等方面的安排，而不是仅仅在现有法律法规的个别条款中概而述之。

我们认为，这个指导政策应该体现以下原则和方法，即阶段分解、比例配套、重点突出、效能协同。"阶段分解"是指将受资助专利流程分为申请、授权及维持、技术转移实现三个阶段，各阶段实现有差异的资助措施。申请阶段和技术已转化阶段实行弱资助或不资助，授权维持阶段实现强资助，申请阶段的费用可在授权后再实施补贴以避免为单纯追求申请量而提出的专利申请，而专利实施后的维持费用自然应该有相应的市场回报来承担；"比例配套"是指不同的专利类型实施不同比例的资助措施，鉴于我国的实用新型制度正在被滥用，而外观设计部分也存在类似问题，因此对发明专利实施高比例资助，而实用新型和外观设计可将资助比例适当降低，从而使资助政策能够体现专利结构优化的政策导向；"重点突出"是指对那些与国家和地方产业发展政策一致或经论证具有巨大市场潜力的专利应实施政策倾斜，比如对此类重点项目进行全额资助；"效能协同"是指各级地方政府在资助政策的制定和实施中，应相互沟通、效能互补，以避免重复资助或资助盲点情况的发生。

（二）科学合理的专利质量标准——明确并提高政府对专利资助的资格审查条件

专利质量标准的确立是合理实施专利资助政策的关键，不同的利益立场对专利质量的判断有不同的标准，现有研究一般是基于审查者和使用者角度的观察，而从我国政策抉择的实际需要看，作为第三方政府资助者立场的专利质量标准的确立是非常必要的。

立足于审查者立场的专利质量标准，其主要观点如下：Wagner 的专利申请文件质量说，即专利申请文件符合国家法定授权的条件；Griliche 的授权率专利质量说，即以专利授权率反映一国专利的平均质量；Burke 和 Reitzig 的专利审查质量说，即专利不但要符合国家法定授权标准，而且还要依照专利授权的技术质量标准对专利进行审查；国内学者万小丽博士认为，被引次数、权利要求数量和发明人数量是可以横向或纵向比较评价专利质量的有效指标。立足于使用者立场的专利质量标准，其主要观点如下：Graf 和 Thomas 的法律质量说，即符合法律的授权标准及专利法律效力的可靠性，专利效力是否经得起考验也应成为专利质量考核标准之一；Philipp 主张的技术质量说，即从专利范围为他人不能入侵的程度来界定专利质量，这也指发明本身的先进性；Hall 和 Harhoff 的经济质量说，即专利质量可以从没有专利保护就不能实施的角度来考核。

立足于政府资助者立场的专利质量标准的确立是当下我国政府资助专利费用政策抉择的核心依据。基于审查者和使用者立场的专利质量标准可以概括为法律专利质量标准和技术经济专利质量标准，它们多是从审查者或使用者单方角度的考量，在标准的实际应用中往往也易导致各相关政府部门基于各自的利益立场进行考量。而专利从申请—授权—应用是一个动态的过程，涉及多种不同利益主体和相关主管部门，因此政府资助者衡量专利质量的标准也应该是利益整合后的综合标准，如果以某一阶段利益相关者的立场作为评价专利质量的标准来确定资助对象，其结论无疑是片面的，还可能造成各级政府部门政策导向的错位和混乱。

我们认为，作为政府资助者的立场评价专利质量，这个质量标准应兼顾法律、技术、经济等多方面的需要，还要体现政府主导创新和干预市场的政策导向。法律方面，被资助专利能够满足合法性条件和授权的实质性条件，能够保持稳定的法律效力状态，以确保技术使用的排他性；技术方面，技术方案具有先进性及不可替代性，而且在技术成熟度上能够达到应用上的需求；经济方面，被资助专利技术能够被市场认同，并转化为直接或间接的经济效益，这里包括可直接运用的专利或以防御性功能体现其市场价值的专利；政策导向方面，鉴于市场调节的局限性以及市场主体的自利性，涉及产业结构调整及风险性较高的创新活动往往并不受到市场的偏爱，政府专利资助政策与国家产业政策、科技创新政策协同作用，可以在较大程度上弥补市场失效，故专利资助政策需对符合国家和地方产业结构调整相关技术的专利以及具有高风险的原始创新技术的专利给予重点资助，以实现政府干预市场及引导产业发展和创新质量在专利费用资助政策上的落实。

（三）专利资助信息交换系统——建立资助政策实施过程监控及绩效评价机制

建立一个与我国专利状态流程文献系统同步链接的专利资助系统是非常必要的。在这个信息系统里，将能即时显示申请项目在专利流程中法律状态的基本信息及各相关部门对申请项目的评估意见,如国家知识产权局可将专利申请的审查意见及检索报告纳入该信息系统,各级、各地主管部门能根据该专利在流程中的法律状态和技术主题的水平评价判断是否应该给予该阶段的专利费用资助;并可根据系统所保留的资助记录避免同一项目在不同地区资助政策下的重复资助,或出现资助政策的盲区,并根据专利文献内容判断是否属于本地区重点发展行业的发明创造而决定是否给予重点资助。

专利资助政策绩效评价是考察实施这种制度合理性的基本方法,更是不断完善政策措施、提高政策绩效的依据。我们在考察各地区专利资助政策的过程中,发现有些地区在专利资助政策的实施过程中,注重对专利资助项目的后续跟踪,根据遇到的问题不断调整完善相关政策措施,也有的地区是政策实施一贯制,反映出各地的不同资助政策水平及实施效果。财政部《暂行办法》第四章"资金监督与检查"中也特别强调了资助资金管理问责问效措施,并要求"国家知识产权局及地方财政部门应当加强对项目执行情况和专利资金使用情况的监督检查,追踪问效"。我们认为,鉴于我国目前多层次政府专利资助政策的全面实施,该措施的落实更需依赖专利资助信息交换系统,使各级政府资助管理部门在这个系统中实现及时有效的信息交换,杜绝重复资助、骗取资助、虚报费用或资助缺位等问题,使各级政府资助形成协同效果,使政府资助与受资助专利的法律状态相一致,使受资助额度与专利的质量标准相一致,并在这些因素的考察中实现对资助政策绩效的评价。

五、结论

政策系统的宏观目标视阈下,协同效应强调的是一个有效的政策组合的运行成本和运行绩效都优于单一的政策子系统。我们在本文中倡导政府专利资助政策的协同,就是期望该系统在内部、外部以及内外部之间形成综合协同效应。这里的内部协同效应,主要是指各级政府专利资助政策之间的措施衔接、资源整合和效应叠加,从而有效提升专利资助政策体系的整体绩效;外部协同效应则是指将政府专利资助政策与专利费用减缓办法和奖酬制度、科技创新资助相关计划、专利实施与产业化等政策衔接配套，从而实现该政策体系与创新性国家建设总体政策目标的协同。

  政府作为专利资助政策的制定者和执行者在构建追求协同效应的相关政策体系中具有很大的能动性。随着知识产权的创造、运用、保护、管理相关要素的社会化和知识产权制度国际化趋势的纵深发展，各种旨在利用知识产权促进经济社会发展政策的关联性日益加强。而行政政策比法律具有更大灵活性，更易适应不断变化的技术创新和技术转移的需求，弥补市场规律调节的不足，强化政府宏观调控的效果。因而，在知识产权制度的研究中以"比以前从更宽泛和更复杂的方式上使用制度概念"，并以更先进的理论和方法来指导制度实践，是科学发展观下我国知识产权事业发展所必需的选择。专利资助政策体系的建立和完善反映着创新型国家配套政策体系的规范化水平，我们期望本文能够对这个体系的完善有所启示。

第五章

供需网企业专利协同效应及其评价

协同效应（synergy effects）原本为一种物理化学现象，又称增效作用，是指两种或两种以上的组分相加或调配在一起，所产生的作用大于各种组分单独发挥作用的总和。本章在此使用协同效应的引申含义，指供需网企业之间相互协作共享业务行为和特定资源或企业内部生产、营销、管理的不同环节、不同阶段、不同方面共同利用同一资源而产生的整体效应，可简单表述为"1+1>2"的效应。实现协同效应是供需网专利资源协同管理的根本目标，也可以说协同效应是供需网专利协同管理产生的主要动因。但在实践中协同的失败率却很高，而且即使我们能够发现协同后的绩效增长，但我们却往往无法肯定这种绩效增长一定来自系统内部各子系统的协同效应。马克·L. 塞罗沃（2001）认为，通过协同获得与并购成本相匹配的收益的期望很难实现；Michael E. Porter 也认为，协同的失败不是由于概念本身存在缺陷，而是因为公司没有真正理解和正确实施它（Porter，1997）。因此，供需网专利资源协同管理中协同效应的实现需要探索其实现机制，并能够准确识别和科学评价供需网专利协同管理中的协同效应。本章借鉴魏遥（2009）在其博士学位论文《产融集团系统发展的协同问题研究》中的观点，将从分析供需网企业专利协同效应的基础和来源开始，探索供需网企业专利协同效应的实现机制，构建供需网企业专利协同效应指标体系以实现协同效应的识别，构建模糊综合评价模型（F-AHP），实现对供需网专利资源协同管理的协同效应指数的评价。

第一节 供需网企业专利协同效应的实现机制

一、供需网企业专利协同效应的基础与来源

1. 企业异质性假设①是供需网企业专利协同效应的基础

新古典经济理论基于企业同质性（enterprise homogeneity）假设，认为企业的长期超额利润是不存在的，其原因在于企业间无成本的模仿、快速的扩张及行业的自由进入和退出，使企业和行业处于长期均衡状态。在坚持新古典主义企业同质性假设的基础上，主流经济学及其企业理论无法解释不同企业或产业之间广泛存在的长期利润差距或超额利润的长期存在。为了弥补主流经济学的不足，随后的交易成本经济学、契约经济学以及基于该学说的产业组织理论把企业的利润来源归因于外在的市场结构特征，即企业的利润是外生的。但是，产业组织理论的这一观点却难以解释现实中同一行业内广泛存在的利润差距问题。

如前所述，无论是新古典经济理论、交易成本经济学还是产业组织理论都未能完全认识企业的本质，仅仅对企业出现的部分原因和特征有所论及，却忽视了企业最根本的内在特征，即生产性特征或价值性特征。而企业的生产性特征或价值性特征是企业异质性（enterprise heterogeneity）的，其动态优势是独特的、持久的和难以模仿的。

鲁梅尔特（Rumelt，1984）通过实证研究发现，企业的超额利润并非来源于外在的市场结构特征，而主要来源于企业内部资源禀赋的差异。随后的一些学者分别从企业内部资源基础的异质性（Barney，1991）、核心竞争力

---

① 刘刚．2005．企业的异质性假设：对企业本质和行为的演化经济解释．北京：中国人民大学出版社．

（Prahalad and Hamel，1990）以及知识与能力（纳尔逊和温特，1997）等角度来探索企业异质性活动所具有的长期动态优势的根源。彭罗斯（Penrose，1959）则特别强调企业所固有的能够逐渐拓展其生产机会的知识积累倾向对企业成长和演化的决定性作用，认为知识的积累正是企业异质性的基础。企业异质性假设的核心内容及表现可简要归纳为图5-1。企业的异质性表现为企业核心知识与能力的价值性与非竞争性，前者是指核心知识与能力能够为客户提供比竞争对手更高的附加价值，并为企业带来超额利润，后者是指核心知识与能力作为企业内部长期积累的结果难以通过市场来模仿或获得。核心知识与能力的价值性与非竞争性构成了企业长期利润或持续竞争优势的来源。

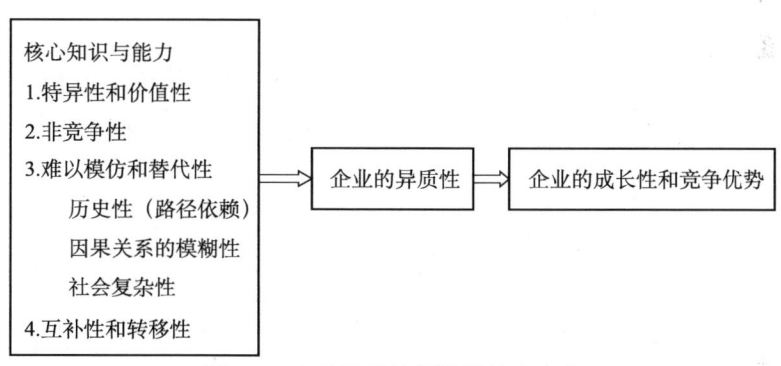

图5-1　企业异质性假设的核心内容

以上分析表明，唯有承认供需网系统的专利技术、人力资本、资金的异质性特征，其内在价值才能在竞争协同中被激发出来，最终使得供需网系统的整体价值获得一种"经济溢价"，即获得一种协同性的价值创造。因此，企业异质性假设在供需网企业专利协同管理系统中不是一个孤立的概念，而是系统内竞争与协同的前提，是实现供需网系统协同效应的理论基础。

2. 供需网企业专利协同效应的来源

供需网企业专利资源的异质性只是为供需网专利管理系统协同效应的

实现创造了基础条件，但供需网企业间专利协同管理并非一定产生协同效应。根据资源理论，由于不同供需网企业的专利资源在数量、质量、时空、结构等方面存在差异，实行供需网企业间协同管理后，它们相互之间可能产生替代、互补、共享、学习等多种非线性作用；同时，供需网专利协同管理系统与外部环境也会发生共鸣与涨落，随着时间的推移，供需网企业专利及相关资源之间的差异会通过融合、协同与共振逐渐转变为合力与动力，推动供需网专利协同管理系统向高级有序的方向发展，即供需网企业的专利及其相关资源正是按照差异→选择→非线性作用→协同的顺序演化的。本书认为，供需网专利协同管理系统的协同效应来源于专利及相关资源的高度共享与整合，是供需网系统及其子系统在自催化、交叉催化推动下通过自组织与他组织共同作用的结果。参考罗群辉和宁宣熙 (2008) 在《企业并购整合中的协同效应研究》一文中的观点，供需网企业专利协同效应的来源主要有以下四种。

(1) 资源互补机制。资源互补机制指一个企业资源对另一个企业资源具有功能互补作用，通过相互结合可以填补企业战略实现面临的资源缺口，从而使企业协同体呈现出收益递增的态势。就供需网专利协同而言，当供需网内某一资源的优势（或劣势）恰好是另一资源的劣势（或优势），双方便可通过协同来实现优势互补，这样构成的协同体就是一种互补型资源协同关系，它能够弥补彼此间的功能不足。如供需网内某成员企业具有很强的技术实力，但资金和市场营销经验不足，它就可以和供需网内具有资金优势的企业 A 及具有市场营销优势的企业 B 联合进行专利开发，此时资源的互补机制就出现了。

(2) 资源共享机制。资源协同本质是一种合理配置资源的效应。相异的供需网企业往往分布于不同的专业领域，且一般是这一领域中拥有较强竞争力的企业，这就决定了不同的供需网企业在资源优势和专业技术优势方面各有所长。例如，供需网中的经销商企业具备营销网络资源优势，生产型企业在技术资源方面具有优势，物流供应商企业的物流规划与配送能力强，而供应商企业拥有较强的原材料资源优势等。以上这些资源优势利用恰当就能够在专利协同研发过程的许多阶段发挥重大作用。供需网内专利、技术、资金、人才等资源为了更好地实现其自身的功能，为了充分利用外部的优势资源、实现资源优化配置、明显缩短专利研发周期和提高专利研发成功率，以互惠互利为基础，在对这些优势资源整合过程中，努力放大资源的转移、扩散和辐射效应，提升优势资源的正外部经济性，最终通过优势资源的组织系统共享和文化整合实现供需网系统的协同效应。

（3）学习创新机制。学习创新机制产生于专利知识、能力和资源整合的协同过程。不同的资源拥有者通过共享、学习、互补、替代等多种非线性相互作用，使供需网的知识系统处于一个有效的协同演化过程，在一定的内外环境涨落下催生出新知识，形成系统资源创新。这一机制使得供需网的协同效应从静态协同演化到动态协同，从静态优势演化到动态优势。

（4）冲突消除机制。供需网成员组成的供需网复杂网络系统，导致供需网内专利及相关资源之间不可避免地存在互相影响、互相制约的现象，严重的冲突甚至会影响到供需网系统的有效运行和发展。例如，企业管理理念的差异、专利投资运作模式的不同、管理者管理风格的区别等都会带来资源的冲突，及早发现并消除这些冲突是协同效应产生的重要条件。供需网的冲突管理首先强调"全过程"管理，即需要进行供需网企业专利战略规划过程中的冲突管理、专利开发过程中的冲突管理、专利保护过程中的冲突管理和供需网企业专利利用过程中的冲突管理；其次倡导"全员参与"，即全体供需网企业及其员工共同参与冲突管理；最后，注重"全方位管理"，一是进行显性冲突的应急管理，二是针对感觉冲突、知觉冲突实行冲突预警与预控管理，三是对潜在冲突的预防管理。供需网专利资源协同管理的协同效应的来源如图5-2所示。

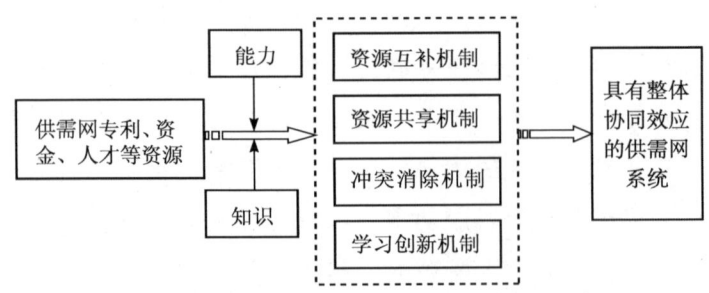

图 5-2　供需网专利资源协同管理协同效应的来源

二、供需网企业专利协同效应的实现机制

建立在供需网专利及其相关资源异质性和资源整合理论基础上的供需网系统协同效应实现和协同价值创造过程极其复杂。其复杂性既体现在供需网专利资源整合的全过程中，还体现在供需网协同效应的不同层次上。以下对供需网专利及其相关资源协同效应的产生机制与价值创造过程进行分析。

1. 供需网专利及其相关资源高度共享产生的静态协同效应

供需网企业的专利、知识、资金和人才资源往往存在关联性与互补性，供需网企业通过彼此之间专利、知识、资金和人才高度共享，便能产生协同效应，创造出协同价值。例如，供需网企业间共享其专利、信息、资金和人才，进行专利的协同创造、协同利用和协同保护。这种基于专利资源共享的协同，其价值创造的动态关联性和互动性还较低，属于一种较低层次的静态协同效应，只是供需网企业追求自身的价值增值，而不是追求供需网整体的协同效应。这种静态协同效应的形式化描述如下。

假定共有 n 个供需网企业，供需网企业 i ($i=1, 2, \cdots, n$) 参与专利资源协同管理后的期望收益为 E_{Ci}，不参与协同管理的期望收益为 E_{Si}，并用 $\pi_{S1}, \pi_{S2}, \cdots, \pi_{Sn}$ 表示供需网企业不参与资源共享独立经营所单独创造的净收益，各供需网企业进行协同管理以后所获得的实际

净收益为 π_{Ci}，供需网企业实施资源共享创造的总净收益为 π_{CT}，则这种静态协同效应表述为

$$\pi_{CT} \geq \sum \pi_{Si}, \quad i=1,2,\cdots,n$$

2. 供需网专利协同管理系统整体的动态协同效应

供需网企业的专利及其相关资源在供需网整体层面上的动态关联、互动和协同可能会创造它们单独无法获取和实现的价值。这就是一种供需网系统整体层次的协同效应和价值创造，是一种高层次的协同，这种供需网系统整体的动态协同效应才是供需网专利协同管理追求的根本目标。实现这种高层次协同效应需要注意三个方面：第一，供需网专利资源整合要尽可能保证绝大多数成员企业或资源子系统实现自身的价值创造和增值，并应对少数没有增值甚至减值的供需网企业建立利益补偿机制；第二，供需网专利资源整合后，即使某一供需网企业在供需网中的竞争力有所削弱，但它必须能通过给予其他成员企业更大的组合优势而使整个供需网系统获得协同效应和协同价值，进而使供需网系统整体的预期价值一定要超过原有供需网企业的预期价值之和。第三，供需网专利资源协同管理不仅要关注静态协同效应，更要从动态的、整体的角度考察持续性的动态协同效应和价值创造，以达到长期的、供需网系统整体协同价值的增长。

三、供需网企业专利协同效应的实现条件

供需网通过成员企业间专利及其相关资源的共享、互补和整合，使得供需网整体价值大于各成员企业独立经营时的价值之和，此即协同效应；同时，供需网专利协同管理在实现协同效应与协同价值的同时，也有增加系统内部整合成本和系统外部监管成本的可能，从而使其陷入管理协同整合风险。以下以供需网专利协同管理的协同价值和协同成本为参量构建供需网企业专利协同效应的均衡模型，进而探讨供需网系统专利资源整合效率和协同效应的实现条件。

1. 基本假设与模型构建

假设某供需网由具有技术优势的企业 A 与具备资金优势的企业 B 组成，其中，企业 A 和企业 B 在供需网中的技术和资金贡献度分别为 ω_a、ω_b；企业 A 和企业 B 协同后的利润分别为 R_a、R_b；企业 A 和企业 B 在协同前独立经营的利润分别为 R_{a0}、R_{b0}；企业 A 和企业 B 组成供需协同体后，会产生协同整合成本，假定企业 A 和企业 B 的协同整合成本为 C_m。那么，供需协同体总利润的计算可简单表述为

$$\text{TR} = \omega_a R_a + \omega_b R_b - C_m \tag{5-1}$$

我们假设企业 A 进行一项新专利产品的研发项目，该项目投入成本为 C_a，且由供需协同体内部企业 B 以关联贷款的形式提供这笔投资；若此项投资带给企业 A 的额外收益为 $R_a(C_a)$，与此同时，带给企业 B 的利息收入及其他额外收益为 $R_b(C_a)$。那么，企业 A 进行这笔投资后，该供需协同体的整体利润为

$$\text{TR}(C_a) = \omega_a [R_{a0} + R_a(C_a)] + \omega_b [R_{b0} + R_b(C_a)] - C_m - \omega_a C_a \tag{5-2}$$

若要使供需协同体能产生正利润，则式（5-2）必须满足

$$\text{TR}(C_a) = \omega_a [R_{a0} + R_a(C_a)] + \omega_b [R_{b0} + R_b(C_a)] - C_m - \omega_a C_a > 0$$

或

$$\omega_a [R_{a0} + R_a(C_a)] + \omega_b [R_{b0} + R_b(C_a)] > C_m + \omega_a C_a \tag{5-3}$$

若要使供需协同体能够产生协同效应价值，则必须满足

$$\omega_a [R_{a0} + R_a(C_a)] + \omega_b [R_{b0} + R_b(C_a)] - C_m - \omega_a C_a > \omega_a R_{a0} + \omega_b R_{b0}$$

即

$$\omega_a R_a(C_a) + \omega_b R_b(C_a) > C_m + \omega_a C_a \tag{5-4}$$

进一步假设供需协同体有 n 个技术优势企业和资金优势企业组成，各成员的贡献度分别为 ω_i（$i = 1, 2, 3, \cdots, n$），成员企业 1 进行新增投资为 C_1，带来收益为 $R_1(C_1)$；与此同时，带给其他成员企业的额外收益为 $R_i(C_1)$，并假设供需协同体的协同整合成本为 C_{mn}。那么，供需协同体实现协同效应的条件为

$$\omega_1 R_1(C_1) + \sum_{i=2}^{n} \omega_i R_i(C_1) > C_{mn} + \omega_1 C_1 \tag{5-5}$$

2. 供需网专利协同效应的实现条件

借鉴魏遥（2009）在其博士学位论文《产融集团系统发展的协同问题研究》中的观点，本部分对供需网专利协同效应的实现条件的分析仅考虑在供需协同体系统自组织背景下的均衡条件。假设供需网内部各成员企业自主地进行相互合作与协同竞争，通过资源匹配、要素整合、管理协同等自组织行为，逐步使供需协同体从无序状态进化至有序状态，使得供需协同体的协同程度达到跃迁，获得供需网的协同效率与协同价值，从而使供需协同体趋向于协同效应和整合成本的均衡状态。

1）供需协同体产生整合效率的条件

从式（5-4）可见，供需协同体产生整合效率的条件不仅与企业 A 的新增利润、企业 B 的额外利润有关，还与供需协同体的协同管理成本及业务新增成本等有关。

在式（5-4）中，如果管理整合成本与新增业务成本固定，则左端的数值 $\omega_a R_a(C_a)+\omega_b R_b(C_a)$ 越大，供需协同体的整合效率越高；反之，如果 $\omega_a R_a(C_a)+\omega_b R_b(C_a)$ 数值越小，则供需协同体的整合效率越低。若供需协同体的资源匹配程度极低，且供需协同体的协同整合成本很高，供需协同体的资源互补性弱且风险收益低，则有可能出现 $\omega_a R_a(C_a)+\omega_b R_b(C_a)<C_m+\omega_a C_a$，即供需协同体出现协同的负效率。

2）供需协同体实现协同效应的条件分析

假设式（5-4）右边的管理整合成本（C_m）与新增业务成本（C_a）为常数，且假定 $R_a(C_a)>0$。那么，专利供需协同体能否实现协同效应或协同价值，将主要取决于 $R_b(C_a)$ 的大小，而 $R_b(C_a)$ 的大小不仅与供需协同体的短、中、长期发展的互补程度有关，而且和技术、资金组合的互补程度具有密切关系。

若 $R_b(C_a)>0$，说明企业 A 投资后获得的组织知识经验、资源的经济性及财务收益与企业 B 的共享程度高，有利于企业 B 的经营管理和财务绩效，即企业 A 的发展对企业 B 具有正外部性效应，那么，供需网各成员企业能产生协同效应或协同价值。比如近期出现的科技与金融的融合趋势，高科技企业和金融企业通过专利质押贷款等方式形成供需协同体，在我国政府及地方政府的大力支持鼓励下，形成了一些良性的高科技企业和金融企业的协同效应或协同价值。

若 $R_b(C_a) = 0$，说明成员企业 A 投资后获得的组织知识经验、资源的经济性及财务收益与企业 B 不能共享，不能对企业 B 的经营管理与财务绩效产生正外部性效应。此种情况下，两者的资源及组合不产生互补，甚至形成相互钳制，且它们短、中、长期发展也不协调，那么，供需网各成员企业不能实现协同效应或协同价值。

若 $R_b(C_a) < 0$，表示供需协同体具有较弱的协同整合能力和控制能力，协同整合成本极高，并且成员企业 A 的投资既不能对企业 B 的经营管理与财务绩效产生正外部性效应，还有可能由于占用企业 B 的一部分资源而对其经营管理与财务绩效产生负外部性效应。此时，供需协同体不但不能实现协同效应或协同价值，还会形成内耗，阻碍整个供需网的良性发展。

第二节 供需网企业专利协同效应的识别体系

目前，关于协同效应的来源及重要性的研究文献很多，如 H. 伊戈尔·安索夫（Ansoff, 1987）、伊丹广之和托马斯（Itami and Thomas, 1987）、普拉哈拉德与多兹（Prahalad and Doz, 2000）、约瑟夫·巴达拉科（Badaraco, 2000）等的研究，但对协同效应识别的研究却较少发现。哈佛商学院的迈克尔·波特（Porter, 1985）研究企业竞争优势时在企业价值链的层面上讨论了业务单元之间的协同，并将其称为关联；同时，通过对价值链上的关联分析，提出了识别关联的定性分析框架。普拉哈拉德与多兹（2000）提出了如何从收益与成本方面识别企业间的相互依存关系。克里斯托夫·J. 克拉克和基尔瑞·布伦南（Clorke and Brennan，2000）提出了四分类组合分析法，他们认为，可以从公司的四类组合，即产品组合、资源组合、客户组合及技术组合等的联结情况进行比较分析，从而识别潜在的协同机会。但这些研究基本都是从企业战略角度来研究协同效应的识别，且侧重于协同效应的某些方面，而没有基于协同学理论来论述协同效应的识别与评价，缺乏一个系统而定量的研究方法。而协同效应的识别在供需网专利协同管理中极其重要，它有利于寻求供需网内的协同机会，获得良好的协同效应，以下从识别协同效应的原则开始，探讨供需网专利协同管理协同效应的类型及其识别体系。

一、供需网企业专利协同效应识别的原则

依据协同学理论，在不稳定状态下，系统运行呈现出无序状态，其子系统各行其是，这不利于系统实现整体功能。如果系统失稳并且愈发动荡，那么系统就会解体而不复存在。协同的目的就是为了在系统的临界状态通过涨落产生序参量，并在其支配下从宏观尺度上使系统呈现出特有的有序结构和功能模式，进而使系统保持有序运行和稳定发展，从而达到系统整体功能倍增和获得整体价值最佳的效果。对供需网系统而言，识别协同机会和协同效应首先应该把目光锁定在那些运行不畅的子系统或导致发展制约的供需网要素资本上，研究其在发展瓶颈或制约的临界状态如何通过自组织创新演化和他组织管控引导而使供需网专利协同管理找到其有序发展或成长的知识、资源和能力，进而产生其系统发展的控制参量和序参量，使供需网协同体在新序的基础上实现整体协同效应。

协同学指出，一个系统之所以有序、稳定或产生整体功能效应大于系统内部各要素之和，是因为系统内部各子系统或要素是按照一定的协同方式活动并有序运行的。相反，一个系统无序、不稳定或难以实现整体协同效应是由于其内部运动是混乱的、不能按协同方式进行活动和无规则的联系。因此，供需网企业系统处于不稳定状态或远离平衡状态是识别协同机

会和协同效应的前提条件，供需网企业系统处于有序稳定状态或整体功能有序成长状态是识别协同机会和协同效应的根本宗旨。当然，掌握了协同机会出现在什么条件下和现有有序发展的供需网协同模式，并不代表就可以准确识别供需网专利管理的协同效应。供需网专利管理协同效应的识别还需把握适应性原则、互补性原则及利益共生原则，供需网专利管理协同效应识别的三大原则的具体内容如表 5-1 所示。

表 5-1　识别协同效应必须遵循的原则

原则	基本内容
适应性原则	根据外部环境的涨落和内部熵变的增减对系统发展战略和资源能力作出快速、灵活和积极而有效的适应性反应，保持供需网企业系统的动态稳定性和发展有序性。
互补性原则	供需网企业要善于利用自身现有或潜在的资源、知识和能力在系统内部自组织协调运行，通过彼此间取长补短实现资源、知识和能力的转移、替代和共享，以增强供需网系统整体竞争优势，促进协同效应和协同价值的提升。
利益共生原则	各成员企业均应有着独立的利益追求和共生的价值创造，在诚信、和谐和有序的发展中实现成本最小化，通过谈判协商并发挥人的主观能动性，把表面上看似对抗或竞争性的关系转化为"多赢"的利益共生关系。

二、供需网企业专利协同效应的类型

以"协同效应"为检索关键词，我们检索了 1990 年以来中国知网及国外学术期刊，并对检索到的 292 篇文献进行归纳发现，已有文献关于协同效应类型的研究过于分散而不成体系，概念过于宽泛而超出了协同效应的内涵和外延。Ansoff（1987）认为，合并后的企业经营表现超过原分散的企业表现之和，就是协同效应。Sirower（1997）指出，协同效应是合并后的公司在业绩方面应当比原来两家公司独立时曾经预期或要求达到的水平高，而且指出，并购后可能出现业绩改进，但如果这些业绩改进是已经预期到的，那就称不上协同效应。本书研究的协同效应，是指供需网企业之间相互协作共享业务行为和专利等相关资源或企业内部生产、营销、管理的不同环节、不同阶段、不同方面共同利用同一资源而产生的整体效应，供需网企业间以资源互补与共享、资源整合带来供需网整体价值大于各成员企业独立经营时价值之和。这种协同效应既包括那些比较容易用货币计量和评估具体价值的客观性协同效应，又包括那些具有不确定性或短期内不易显现的主观性协同效应，而这种主观性协同效应很难被精确计量。

依据供需网专利协同管理的特殊性，借鉴 J. 弗雷德·维斯通（1998）、Lerner 等（2002）的观点，我们探讨供需网专利协同管理的五个方面的协同效应。

1. 战略协同效应

战略协同效应是指多个处在发展战略调整期的供需网企业对专利资源协同战略重要性的认知程度，成员企业在战略分析、战略更新、战略风险分担等方面表现出来的目标愿景一致性。供需网企业专利资源协同管理的战略协同效应具体表现在两个方面上：一是各供需网企业的企业家对专利协同战略重要性的认知程度；二是供需网企业协同实施专利战略方案的一致性程度，可进一步细分为专利资源协同后的供需网系统角色定位、协同战略发展路线图、资源子系统或战略业务单位的成长和发展战略等，还有供需网各成员企业能否做到战略互补与支持，并共同分担专利战略协同过程中的潜在风险。

2. 管理协同效应

管理协同效应是指管理能力具有差别的供需网企业实行专利协同管理后，管理能力由较高的成员企业转移到较低的成员企业，供需网系统整体管理能力得以提高。其本质是一种合理配置管理资源、整合管理人才的效应。通过同质要素的聚合产生的协同效应，一般表现为供需网企业间通过彼此的专利交叉许可共享形成更强大的技术实力等；通过异质要素的配合从而产生的协同效应，一般表现为供需网企业间专利、资金、人才等协调配合来弥补资金、技术和人才的不足,快速开发出新产品、新技术,以获得丰厚的市场利润;还有人力资本学习创新整合效应,它们共同耦合而形成供需网协同的管理协同效应。

3. 经营协同效应

经营协同效应是指供需网成员企业间专利协同管理给供需网系统生产运营活动在效率方面带来的变化及效率的提高所产生的效益。它主要表现为规模经济效应、范围经济效应和成长经济效应。

首先,供需网的成员企业协同采购专利及相关资源,协同研发,通过彼此的专利交叉许可,放大企业的专利技术扩散效应,供需网整体形成更强大的技术实力,进而在行业内建立技术标准体系,为企业带来巨大的商业效应,即带来规模经济效应。由此可见,规模经济主要着眼于要素使用的平均成本和报酬,主要适用于相关多元化成长战略,即通过业务成本链的联系来实现降低成本、转移技术而从经营协同中获益。

其次,供需网专利协同管理的范围经济效应来源于以下几个方面:一是专利资源的"半公共品性质"使其在供需网企业之间可以被低成本或无成本地共享使用,从而带来专利资源共享的范围经济效应。供需网内优势企业的新技术或先进技术可以在相邻行业中进行渗透和扩散。如夏普公司通过长期努力在液晶显示方面具备了出色的技术优势,公司在此基础上顺利地进入了与该技术密切相关的许多经营领域,如笔记本电脑、大屏幕彩色电视机、音像同步传递电话等,并取得了成功。二是供需网闲置资源或能力与范围经济。供需网中生产企业的闲置生产能力、管理能力与资金优势企业的闲置融资能力、经销商企业的市场能力相互流转与共享,供需网系统利用这些闲置能力推动产业发展和系统成长,从而带来闲置能力流转的范围经济效应。三是成本互补性与范围经济,即生产一种产品或提供一种服务的边际成本随着另一种产品或服务的产出量的增加而下降的趋势。供需网中具有资金优势的企业的宽裕的资金流可以推动生产企业规模和范围的扩张,而生产企业销售额和利润率的提升又会提升资金优势的企业的资金流动性，并增加其收益。由此可见，范围经济效应主要来源于资源的非资产专用性、闲置资本和能力的周转性、产品或服务供给的多样性及交易成本降低带来的成本补偿性。

供需网专利协同管理经营协同效应的第三个表现是成长经济效应。成长经济效应是指供需协同体向特定方向扩张的、各个成员企业所享受到的内部经济性，是供需网系统不断挖掘其未被充分利用的资源而提升管理竞争力、扩大产品和服务市场、分散系统风险的动态经营管理过程。与规模经济相比，成长经济强调的是系统内部资源的经济利用，即在一定条件下能够以较其他企业更低的平均费用向市场提供产品和服务，而且成长经济是一个动态的经营概念，它着重强调以人力资本为核心的非物质资源、经营管理人员和人力资本在其中占据着的举足轻重的位置。Penrose（1959）认为，由于资源价值的不可分割性、资源利用的非平衡性以及人力资本的有限理性使得企业现有资源不能得到充分利用，而企业成长经济的功能就是利用企业家服务和管理服务来挖掘资源利用的潜力，使其达到协同合力的经济效应。

4. 组织协同效应

组织协同效应是实现以上协同效应的手段和保障。没有良好的组织协同能力和环境适应能力就无法实现管理协同效应、经营协同效应。罗伯特·S.卡普兰和戴维·P.诺顿（2006）在《组织协同》一书中运用平衡记分卡理论分析了如何通过组织协同创造合力，并把组织协同概括为战略业务单元协同效应、支持单元协同效应、董事会和投资人的协同效应、董事会与外部合伙人的协同效应。借鉴他们的观点并结合供需网专利协同管理的协同特性，我们把供需网专利协同管理的组织协同效应概括为四个方面，即组织整合知识协同效应、部门协调能力协同效应、环境适应能力协同效应和企业治理能力协同效应。

5. 技术协同效应

随着经济全球化和科学技术的飞速发展，技术成为企业适应超竞争环境的核心资源。现代企业日益通过并购技术型企业、外购技术、战略联盟等来实现快速而高效的创新。技术协同效应指在技术协同、营销协同、知识协同、研发协同等诸多方面基础上实现的研发成本的降低、研发能力的提升、技术的再创新和可继承性、技术资源的更佳配置等。本书主要分析专利新产品研发协同、建立技术标准体系协同及专利商业化成功率等细分指标。

三、供需网企业专利协同效应的识别体系

上述分析只是给出了供需网企业专利协同效应的具体变现形式，但具体如何来识别这些协同效应，还不够全面，很多指标没有考虑进去。因此，本节基于复杂性理论，尝试利用层次分析法（AHP）来建立多层次的协同效应识别体系。

供需网企业专利协同效应识别的 AHP 模型可分为四个层次：总目标层 A、分目标层 B、准则层 C、子准则层 D。递阶层次结构如图 5-3 所示。

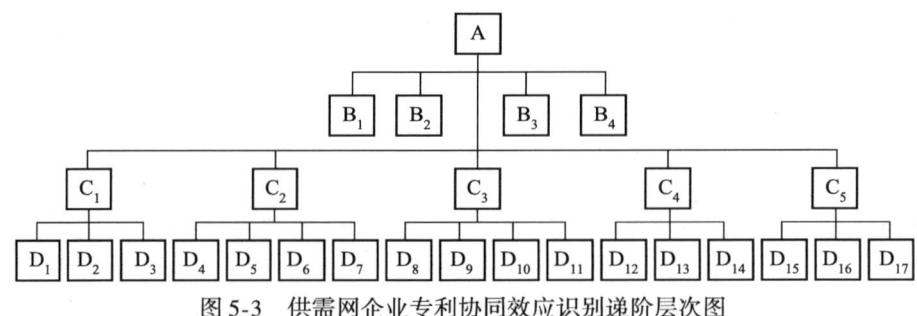

图 5-3 供需网企业专利协同效应识别递阶层次图

图 5-3 中，总目标层 A 为供需协同体整体协同效应。考虑到协同效应的获得与营业收入增加、资产收益率提高、资产负债率变动及资产周转情况等密切相关，我们在分目标层 B 设立了四个分目标：B_1，资产收益率，表示供需协同体的竞争效率提升程度；B_2，资产周转率，表示供需协同体资金使用效率；B_3，资产负债率，表示供需协同体内部资本市场有效性；B_4，营业收入增长率，表示供需协同体市场成长效率。从供需协同体协同效应来源和类型出发，协同效应的准则层 C 可以分为五部分：C_1，战略协

同效应，即多个处在发展战略调整期的供需网企业对专利协同战略重要性的认知程度，成员企业在战略分析、战略更新、战略风险分担等方面表现出来的目标远景一致性；C_2，管理协同效应，即管理能力由较高的成员企业转移到较低的成员企业，供需网系统整体管理能力得以提高的现象；C_3，组织协同效应，即供需协同体在战略业务单元、公司治理结构、知识整合共享等方面的协调发展能力；C_4，经营协同效应，供需网系统生产运营活动在效率方面带来的变化及效率的提高所产生的效益，它主要表现为规模经济效应、范围经济效应和成长经济效应；C_5，技术协同效应。子准则层 D 是对准则层的进一步细化，具体包括：D_1，供需网各成员企业专利协同实施战略方案的一致性程度；D_2，供需网各成员企业专利协同的企业家对专利协同战略重要性的认知程度；D_3，供需网各成员企业专利协同战略互补、战略支持及战略风险的共享程度；D_4，一般性管理能力协同；D_5，行业专属性管理能力协同；D_6，供需网各成员企业专利协同专属性非管理人员能力协同；D_7，供需网各成员企业专利协同非专属性管理人员能力协同；D_8，组织部门协调能力协同；D_9，组织整合知识能力协同；D_{10}，组织环境适应能力协同；D_{11}，组织公司治理能力协同；D_{12}，供需网企业专利协同管理规模经济协同；D_{13}，供需网企业专利协同管理范围经济协同；D_{14}，供需网企业专利协同管理成长经济协同；D_{15}，专利新产品研发协同；D_{16}，专利与技术标准体系协同；D_{17}，专利商业化成功率。据此，供需网专利协同管理协同效应的识别指标体系可用表 5-2 来描述。

表 5-2　供需网专利协同效应识别指标体系

供需网专利协同管理的整体协同效应（A）	战略协同效应（C_1）	供需网企业专利协同实施战略方案的一致性程度（D_1）
		供需网企业的企业家对专利协同战略重要性的认知程度（D_2）
		成员企业战略互补、战略支持及战略风险的共享程度（D_3）
	管理协同效应（C_2）	一般性管理能力协同（D_4）
		行业专属性管理能力协同（D_5）
		供需网企业专属性非管理人员能力协同（D_6）
		供需网企业非专属性管理人员能力协同（D_7）
	组织协同效应（C_3）	组织部门协调能力协同（D_8）
		组织整合知识能力协同（D_9）
		组织环境适应能力协同（D_{10}）
		组织公司治理能力协同（D_{11}）

续表

供需网专利协同管理的整体协同效应（A）	经营协同效应（C_4）	供需网企业专利协同管理规模经济协同（D_{12}）
		供需网企业专利协同管理范围经济协同（D_{13}）
		供需网企业专利协同管理成长经济协同（D_{14}）
	技术协同效应（C_5）	专利新产品研发协同（D_{15}）
		专利与技术标准体系协同（D_{16}）
		专利商业化成功率（D_{17}）

第三节 专利协同效应的模糊综合评价模型

根据 AHP 模型（图 5-3）和供需网企业专利协同管理协同效应识别指标体系（表 5-2），本节采用多层模糊综合评价方法构建供需网企业专利协同管理协同效应的评价模型，以建立一个供需网企业专利协同管理协同效应的评价体系。

一、供需网企业专利协同效应的评价指标体系的权重确定

按照 AHP 基本思想，采取以下步骤：第一，分析系统中各因素间的关系，建立递阶层次结构；第二，对同一层次各指标关于上一层次某准则的相对重要性进行两两比较，构造比较判断矩阵；第三，由判断矩阵计算被比较指标对该准则的相对权重；第四，计算各层次指标对系统总目标的合成权重，并进行排序。

1. AHP 的具体计算方法

参考郝勇和范君晖（2007）在《系统工程方法与应用》一书中的方法进行 AHP 的具体计算。

1）对每个因素构造判断矩阵

由决策人或专家组通过对两两因素的比较，用表 5-3 的标度打分，得

到判断矩阵 $A = (a_{ij})_{n \times n}$。

表 5-3 AHP 判断矩阵的标度及含义

标度 a_{ij}	含义
1	表示两因素 b_i 和 b_j 相比，具有同等重要性
3	表示两因素 b_i 和 b_j 相比，一个因素比另一个稍微重要
5	表示两因素 b_i 和 b_j 相比，一个因素比另一个明显重要
7	b_i 和 b_j 相比，一个因素比另一个因素强烈重要
9	b_i 和 b_j 相比，一个因素比另一个因素极端重要
2、4、6、8	上述两相邻判断的中值，指两因素比较介于相邻判断之间
倒数	因素 i 和 j 比较结果为 b_{ij}，则因素 j 和 i 比较结果为 $b_{ji} = 1/b_{ij}$

为了保证 a_{ij} 的科学合理性，本文采用德尔菲法对 a_{ij} 赋值，即在供需网企业系统和研究机构选取相应专家，设置问卷调查表，要求其给出指标体系两两指标之间对供需网企业专利协同管理协同效应的 a_{ij} 值，并根据各专家学者的学识、资历和行业经验等给定其信任度系数，加权汇总便得到最终的 a_{ij} 值。综合有关专家给出的所有 a_{ij} 值，将其排列成矩阵形式，即 $A = (a_{ij})_{n \times n}$，

$$A = (a_{ij}) = \begin{bmatrix} a_{11} & a_{12} & \cdots & a_{1n} \\ a_{21} & a_{22} & \cdots & a_{2n} \\ \vdots & \vdots & & \vdots \\ a_{n1} & a_{n2} & \cdots & a_{nn} \end{bmatrix}$$

式中，$a_{ij} > 0$，$a_{ij} = 1/a_{ji}$，且 $a_{ii} = 1$，我们把满足这种条件的矩阵称为判断矩阵或对比矩阵。

2）层次单排序及一致性检验

利用求矩阵 A 的最大特征根和特征向量，确定各因素的优先次序，再通过特征根导出一致性比率，判断其一致性。

首先，进行层次单排序，其常采用的计算方法有两种。

第一种：和积法。

和积法的计算步骤如下。

（1）将判断矩阵 a_{ij} 按列进行归一化处理，并建立新的矩阵 $\bar{a}_{ij}$，归一化处理的过程可以被表达为：

$$\bar{a}_{ij} = \frac{a_{ij}}{\sum_{k=1}^{n} a_{ij}}, \quad i,j = 1,2,\cdots,n$$

(2) 每列归一化后的判断矩阵按行相加,得到:

$$\overline{W}_i = \sum_{j}^{n} \bar{a}_{ij}, \quad j = 1,2,\cdots,n$$

(3) 对向量 $\overline{W} = [\overline{W}_1, \overline{W}_2, \cdots, \overline{W}_n]^T$ 归一化处理,即 $W = \frac{\overline{W}}{\sum_{j=1}^{n} \overline{W}_j}$, $i = 1,2,\cdots,n$,得到的 $W = [W_1, W_2, \cdots W_n]^T$ 即为所求特征向量;

(4) 计算判断矩阵的最大特征根:

$$\lambda_{\max} = \sum_{i=1}^{n} \frac{(AW)_i}{nW_i}$$

式中,$(AW)_i$ 为向量 AW 的第 i 个分量。

第二种:方根法。

方根法的计算步骤如下。

(1) 计算判断矩阵每一行元素的乘积 M_i:

$$M_i = \prod_{j=1}^{n} a_{ij}, \quad i = 1,2,\cdots,n$$

(2) 计算 M_i 的 n 次方根 $\overline{W}_i$:

$$\overline{W}_i = \sqrt[n]{M_i}, \quad i = 1,2,\cdots,n$$

(3) 对向量 $\overline{W} = [\overline{W}_1, \overline{W}_2, \cdots, \overline{W}_n]^T$ 归一化处理,即 $W = \frac{\overline{W}}{\sum_{j=1}^{n} \overline{W}_j}$, $i = 1,2,\cdots,n$,得到的 $W = [W_1, W_2, \cdots W_n]^T$ 即为所求特征向量。

(4) 计算判断矩阵的最大特征根:

$$\lambda_{\max} = \sum_{i=1}^{n} \frac{(AW)_i}{nW_i},$$

式中,$(AW)_i$ 为向量 AW 的第 i 个分量。

其次,进行层次单排序的一致性检验。

第一，平均一致性指标 RI 值表，见表 5-4。

表 5-4　RI 系数表

矩阵阶数 n	1	2	3	4	5	6	7	8	9
RI	0.00	0.00	0.58	0.90	1.12	1.24	1.32	1.41	1.45

第二，计算判断矩阵一致性指标。

$$CI = \frac{\lambda_{max} - n}{n - 1}$$

第三，计算随机一致性比率。

$$CR = \frac{CI}{RI}$$

当 CR<0.10 时，认为判断矩阵具有一致性，否则就需要调整判断矩阵。

3) 层次总排序及一致性检验。

(1) 第 $i+1$ 层子目标 s 权重的计算方法。

设 s 与 i 层中 m 个子目标存在关联，这 m 个子目标的权重分别为 W_{i1}，W_{i2}，…，W_{im}，而 s 在这 m 个子目标下的排序为 v_1，v_2，…，v_k，则 s 的权重为

$$W = \sum_{j=1}^{m} W_{ij} \times v_j$$

(2) 总排序的一致性检验。现假设一个递阶层次结构有 n 层，第 k 层的指标数目为 n_k（$k=1$，2，…，n）。令 W_{ik} 是第 k 层的第 i 个指标的合成权数，而 $CI_{i,k+1}$ 是第 $k+1$ 层指标对第 k 层的第 i 个指标作两两比较的一致性指标。这样，整个递阶结构的一致性指标定义为

$$CI = \sum_{k=1}^{n} \sum_{i=1}^{nk} W_{ik} CI_{i, k+1}$$

式中，n_{ik} 为第 k 层中与第 $k+1$ 层指标有关联的指标数目。如把 $CI_{i,k+1}$ 用相应的平均随机一致性代替，则可得到递阶结构的平均随机一致性指标

$$RI = \sum_{k=1}^{n} \sum_{i=1}^{nk} W_{ik} RI_{i, k+1}$$

整个递阶结构总的随机一致性比例为 CR = CI/RI，由此可计算各层对目标层的合成权重，并进行一致性检验。

2. 供需网企业专利协同管理协同效应指标评价体系权重的确定

（1）我们以某专利协同体系统准则层 C 为例，确定其战略协同效应 C_1、管理协同效应 C_2、组织协同效应 C_3、经营协同效应 C_4 和技术协同效应 C_5 等相对权重。

假设将某专利协同体系统准则层的五个单位进行两两比较，并综合专家意见，得到准则层的判断矩阵如下。

$$A = \begin{bmatrix} 1 & 1/4 & 1/3 & 1/2 & 1/5 \\ 4 & 1 & 1/2 & 3 & 1/3 \\ 3 & 2 & 1 & 2 & 1/3 \\ 2 & 1/3 & 1/2 & 1 & 1/4 \\ 5 & 3 & 3 & 4 & 1 \end{bmatrix}$$

第一，按照和积法，将判断矩阵每一列归一化后的矩阵为

$$A = \begin{bmatrix} 0.067 & 0.038 & 0.062 & 0.048 & 0.095 \\ 0.267 & 0.152 & 0.094 & 0.286 & 0.157 \\ 0.200 & 0.304 & 0.188 & 0.190 & 0.157 \\ 0.133 & 0.050 & 0.094 & 0.095 & 0.118 \\ 0.333 & 0.456 & 0.562 & 0.381 & 0.473 \end{bmatrix}$$

第二，按行相加可得

$$\overline{W}_1 = \sum_{j=1}^{5} \bar{a}_{1j} = 0.067 + 0.038 + 0.062 + 0.048 + 0.095 = 0.310$$

$$\overline{W}_2 = \sum_{j=1}^{5} \bar{a}_{2j} = 0.267 + 0.152 + 0.094 + 0.286 + 0.157 = 0.956$$

$$\overline{W}_3 = \sum_{j=1}^{5} \bar{a}_{3j} = 0.200 + 0.304 + 0.188 + 0.190 + 0.157 = 1.039$$

$$\overline{W}_4 = \sum_{j=1}^{5} \bar{a}_{4j} = 0.133 + 0.050 + 0.094 + 0.095 + 0.118 = 0.490$$

$$\overline{W}_5 = \sum_{j=1}^{5} \bar{a}_{5j} = 0.333 + 0.456 + 0.562 + 0.381 + 0.473 = 2.205$$

第三,将向量 $\overline{W} = [0.310\ 0.956\ 1.039\ 0.490\ 2.205]^T$ 归一化得

$$\sum_{j=1}^{n} \overline{W}_j = 0.310 + 0.956 + 1.039 + 0.490 + 2.205 = 5$$

$$W_1 = \frac{\overline{W}_1}{\sum_{j=1}^{n} \overline{W}_j} = \frac{0.31}{5} = 0.062, \quad W_2 = \frac{\overline{W}_2}{\sum_{j=1}^{n} \overline{W}_j} = \frac{0.956}{5} = 0.191,$$

$$W_3 = \frac{\overline{W}_3}{\sum_{j=1}^{n} \overline{W}_j} = \frac{1.039}{5} = 0.208, \quad W_4 = \frac{\overline{W}_4}{\sum_{j=1}^{n} \overline{W}_j} = \frac{0.490}{5} = 0.098,$$

$$W_5 = \frac{\overline{W}_5}{\sum_{j=1}^{n} \overline{W}_j} = \frac{2.205}{5} = 0.441$$

则所求特征向量为

$$W = [0.062\ 0.191\ 0.208\ 0.098\ 0.441]^T$$

第四,计算判断矩阵的最大特征根 λ_{max},由

$$AW = \begin{bmatrix} 1 & 1/4 & 1/3 & 1/2 & 1/5 \\ 4 & 1 & 1/2 & 3 & 1/3 \\ 3 & 2 & 1 & 2 & 1/3 \\ 2 & 1/3 & 1/2 & 1 & 1/4 \\ 5 & 3 & 3 & 4 & 1 \end{bmatrix} \begin{bmatrix} 0.062 \\ 0.191 \\ 0.208 \\ 0.098 \\ 0.441 \end{bmatrix} = \begin{bmatrix} 0.316 \\ 0.984 \\ 1.119 \\ 0.500 \\ 2.340 \end{bmatrix}$$

所以

$$\lambda_{max} = \sum_{i=1}^{5} \frac{(AW)_i}{nW_i} = \frac{(AW)_1}{5W_1} + \frac{(AW)_2}{5W_2} + \frac{(AW)_3}{5W_3} + \frac{(AW)_4}{5W_4} + \frac{(AW)_5}{5W_5}$$

$$= \frac{0.316}{5 \times 0.062} + \frac{0.984}{5 \times 0.191} + \frac{1.119}{5 \times 0.208} + \frac{0.5}{5 \times 0.098} + \frac{2.340}{5 \times 0.441}$$

$$= 5.206$$

第五,进行一致性检验。

一致性指标为

$$CI = \frac{\lambda_{max} - n}{n - 1} = \frac{5.206 - 5}{5 - 1} = 0.0515$$

检验标准系数为

$$CR = \frac{CI}{RI} = \frac{0.0515}{1.12} = 0.043 < 0.1$$

可见以上判断矩阵通过一致性检验，指标权重有效。具体如表5-5所示。

表5-5 准则层C的判断矩阵及其一致性检验表

A	C_1	C_2	C_3	C_4	C_5	特征向量值
C_1	1	1/4	1/3	1/2	1/5	0.062
C_2	4	1	1/2	3	1/3	0.191
C_3	3	2	1	2	1/3	0.208
C_4	2	1/3	1/2	1	1/4	0.098
C_5	5	3	3	4	1	0.441

注：$\lambda_{max} = 5.206$，CI=0.0515，RI=1.12，CR=0.043<0.1。

(2) 运用上述同样的计算过程，我们可以求出各子准则层次指标体系的相对权重。结果参见表5-6~表5-10所示。

表5-6 $D_1 \sim D_3$ 的判断矩阵及其一致性检验

C_1	D_1	D_2	D_3	特征向量值
D_1	1	2	1/3	0.230
D_2	1/2	1	1/5	0.122
D_3	3	5	1	0.648

注：$\lambda_{max} = 3.004$，CI=0.002，RI=0.58，CR=0.003<0.1。

表5-7 $D_4 \sim D_7$ 的判断矩阵及其一致性检验

C_2	D_4	D_5	D_6	D_7	特征向量值
D_4	1	1	1	1/3	0.167
D_5	1	1	1	1/3	0.167
D_6	1	1	1	1/3	0.167
D_7	3	3	3	1	0.499

注：$\lambda_{max}=4.065$，CI=0.022，RI=0.90，CR=0.024<0.1。

表5-8 $D_8 \sim D_{11}$ 的判断矩阵及其一致性检验

C_3	D_8	D_9	D_{10}	D_{11}	特征向量值
D_8	1	1/7	1/2	1/5	0.064
D_9	7	1	4	2	0.509
D_{10}	2	1/4	1	1/3	0.119
D_{11}	5	1/2	3	1	0.308

注：$\lambda_{max} = 4.022$，CI=0.007，RI=0.90，CR=0.078<0.1。

表 5-9 $D_{12} \sim D_{14}$ 的判断矩阵及其一致性检验

C_4	D_{12}	D_{13}	D_{14}	特征向量值
D_{12}	1	1/7	1/9	0.055
D_{13}	7	1	1/3	0.290
D_{14}	9	3	1	0.655

注:λ_{max} = 3.081,CI=0.040,RI=0.58,CR=0.069<0.1。

表 5-10 $D_{15} \sim D_{17}$ 的判断矩阵及其一致性检验

C_5	D_{15}	D_{16}	D_{17}	特征向量值
D_{15}	1	1/5	1/3	0.106
D_{16}	5	1	3	0.633
D_{17}	3	1/3	1	0.261

注:λ_{max} = 3.036,CI=0.018,RI=0.58,CR=0.031<0.1。

(3) 各准则层指标对目标层的相对权重。将通过 AHP 法得到的各指标权重与它的上一层权重相乘即得出该指标在上一层中的权重。根据表 5-6~表 5-10 所示数据,可以计算得到该专利供需协同体系统的各准则层指标对目标层的相对权重,具体如表 5-11 所示。

表 5-11 各准则层指标对目标层的相对权重及因素排序

A	C_1 0.062	C_2 0.191	C_3 0.208	C_4 0.098	C_5 0.441	总体相对权重	因素排序
D_1	0.230					0.014	14
D_2	0.122					0.008	16
D_3	0.648					0.040	8
D_4		0.167				0.032	9
D_5		0.167				0.032	10
D_6		0.167				0.032	11
D_7		0.499				0.086	4
D_8			0.064			0.013	15
D_9			0.509			0.106	3
D_{10}			0.119			0.025	13
D_{11}			0.308			0.064	6
D_{12}				0.055		0.005	17
D_{13}				0.290		0.028	12

续表

A	C_1 0.062	C_2 0.191	C_3 0.208	C_4 0.098	C_5 0.441	总体相对权重	因素排序
D_{14}				0.655		0.064	5
D_{15}					0.106	0.047	7
D_{16}					0.633	0.279	1
D_{17}					0.261	0.115	2

二、基于模糊综合评价法计算协同效应指数

通过层次分析法，我们构建了供需网企业专利协同管理协同效应具体指标体系并计算了其相对权重。但供需网企业专利协同管理的协同效应究竟处在什么样的状态，还需要请若干专家对每个具体指标进行评议，以得出供需网企业专利协同管理的最终协同效应指数。本节利用模糊综合评判法来计算供需网企业专利协同管理协同效应指数。

1. 要素协同效应模糊综合评判法模型

参考赵涛（2006）《管理学常用方法》及段秉乾（2008）《基于模糊层次分析法的产品创新风险评估模型》中的观点与方法，本书用模糊综合评判法建立供需网企业专利协同管理的协同效应指数评定模型如下。

（1）根据评判目的，建立评判因素集 U，该因素集由最基层的各个指标组成。供需网企业专利协同管理的因素评判集为

$$U = \{D_1, D_2, \cdots, D_{17}\}$$

（2）由 AHP 模型确定以上各个评判指标的相对权重。以模糊向量 A 作为权重向量，则

$$A = \{a_1, a_2, \cdots, a_n\}$$

式中，$0 \leqslant a_i \leqslant 1$，$\sum_{i=1}^{n} a_i = 1$。

（3）确定评语集 C。评语集可分为 m 个等级，记作 $C = \{C_1, C_2, \cdots, C_m\}$，为方便起见，设评语集分为四个等级，即优、良、中、差。

（4）请若干专家对供需网企业专利协同管理协同效应进行评议，给出评语。如果若干专家（设为 e 个）就某一因素作单因素评估，结果评语中有 e_1 个优，e_2 个良，e_3 个中，e_4 个差，且 $e_1 + e_2 + e_3 + e_4 = e$，则对该因素的指标评估记作 $u_1 \rightarrow \left(\dfrac{e_1}{e}, \dfrac{e_2}{e}, \dfrac{e_3}{e}, \dfrac{e_4}{e}\right)$，类似其他因素的评判结果为 $u_i \rightarrow \left(\dfrac{e_{i1}}{e}, \dfrac{e_{i2}}{e}, \dfrac{e_{i3}}{e}, \dfrac{e_{i4}}{e}\right) = (v_{i1}, v_{i2}, v_{i3}, v_{i4})$。

（5）建立模糊关系矩阵。把各单指标评判向量结合起来，这样可得到从 u 到 v 的 n 行 4 列的模糊关系矩阵

$$R = \begin{bmatrix} v_{11} & v_{12} & v_{13} & v_{14} \\ v_{21} & v_{22} & v_{23} & v_{24} \\ \vdots & \vdots & \vdots & \vdots \\ v_{n1} & v_{n2} & v_{n3} & v_{n4} \end{bmatrix}$$

（6）进行综合评判运算

$$B = A \cdot R = \{a_1, a_2, \cdots, a_n\} \begin{bmatrix} v_{11} & v_{12} & v_{13} & v_{14} \\ v_{21} & v_{22} & v_{23} & v_{24} \\ \vdots & \vdots & \vdots & \vdots \\ v_{n1} & v_{n2} & v_{n3} & v_{n4} \end{bmatrix} = (b_1, b_2, b_3, b_4)$$

式中，$b_j (j = 1, 2, 3, 4)$ 就是模糊综合评判指标。在模糊综合评判中，考虑采用"逻辑乘、逻辑加"算子会丢失大量有价值的信息，因此，我们在综合评判中采用"实数乘、有界和"算子。

2. 供需网企业专利协同管理协同效应指数的计算

首先，基于因素集 $U = \{D_1, D_2, \cdots, D_{17}\}$、评语集 $C =$

$\{C_1, C_2, \cdots, C_m\}$、专家评判结果 $u_i = (v_{i1}, v_{i2}, v_{i3}, v_{i4})$ 及上述由 AHP 模型确定的各个评判指标的相对权重 $A = \{a_1, a_2, \cdots, a_n\}$，我们假设可得到某专利供需协同体协同效应的评判矩阵，如表 5-12 所示。

表 5-12 评判矩阵及权重

一级指标	二级指标	三级指标	模糊关系矩阵及权重				
			优	良	中	差	权重
专利供需协同体的协同效应指数 A	战略协同效应 C_1 0.062	D_1	0.3	0.3	0.2	0.2	0.230
		D_2	0.2	0.4	0.2	0.2	0.122
		D_3	0.2	0.3	0.2	0.3	0.648
	管理协同效应 C_2 0.191	D_4	0.4	0.4	0.2	0	0.167
		D_5	0.3	0.3	0.2	0.2	0.167
		D_6	0.2	0.4	0.2	0.2	0.167
		D_7	0.3	0.4	0.2	0.1	0.499
	组织协同效应 C_3 0.208	D_8	0.4	0.3	0.2	0.1	0.064
		D_9	0.2	0.4	0.2	0.2	0.509
		D_{10}	0.4	0.4	0.2	0	0.119
		D_{11}	0.2	0.3	0.2	0.3	0.308
	经营协同效应 C_4 0.098	D_{12}	0.2	0.4	0.3	0.1	0.055
		D_{13}	0.3	0.4	0.3	0	0.290
		D_{14}	0.4	0.2	0.4	0	0.655
	技术协同效应 C_5 0.441	D_{15}	0.4	0.4	0.2	0	0.106
		D_{16}	0.6	0.3	0.1	0	0.633
		D_{17}	0.5	0.3	0.1	0.1	0.261

其次，对表 5-12 进行模糊关系运算，可得表 5-13。

表 5-13 模糊关系运算结果

一级指标	二级指标	模糊关系运算结果			
专利供需协同体的协同效应指数 A	战略协同效应 C_1 (0.062)	0.223	0.312	0.200	0.265
	管理协同效应 C_2 (0.191)	0.300	0.383	0.200	0.117
	组织协同效应 C_3 (0.208)	0.236	0.362	0.200	0.202
	经营协同效应 C_4 (0.098)	0.360	0.394	0.235	0.011
	技术协同效应 C_5 (0.441)	0.553	0.311	0.110	0.026

进一步进行模糊关系计算,最终可得该专利供需协同体的协同效应指数为 $B = (0.3993, 0.3455, 0.1637, 0.0915)$。该计算结果显示,39.93%的人认为该专利供需协同体的协同效应为"优",34.55%的人认为"良",7%的人认为"中",9.15%的人认为"差"。

我们不妨取评语"优"为10分,"良"为8分,"中"为6分,"差"为4分,则评判集上的考核评分列向量为

$$C = (10\ 8\ 6\ 4)^T$$

于是,该专利供需协同体的协同效应的最终指数分值为

$$\begin{aligned}S &= B \cdot C \\ &= (0.3993\ \ 0.3455\ \ 0.1637\ \ 0.0915)(10\ 8\ 6\ 4)^T \\ &= 8.11(\text{分})\end{aligned}$$

由此可见,该专利供需协同体的协同效应综合评判的结果介于"优"和"良"之间,说明供需网系统协同能力和协同效应还有很大的提升空间。

第六章

供需网企业专利协同管理的应用

供需网企业专利协同管理的应用范围非常广泛，通过对我国专利事业发展现状及问题分析，明确了专利协同利用、协同保护和协同创造对我国专利事业发展的重要性。因此，本章主要研究供需网企业专利协同管理应用的三个重要方面：供需网企业专利的协同利用，供需网企业专利的协同保护，供需网企业专利的协同创造。供需网企业专利的协同创造、协同利用、协同保护这三个方面相互作用，辩证统一于供需网企业专利协同管理应用的全过程。供需网企业专利协同管理应用的重点在于管理创新，在专利管理中实践协同的管理理念、在供需网内构建一个统一的专利协同管理平台和畅通无阻的专利管理"通道"至关重要。

第一节 我国专利事业发展现状及问题分析

一、我国专利事业发展现状

我国目前已成为专利申请大国。根据国家知识产权局规划发展司发布的2011年第6期专利统计简报，1985年4月至2010年12月，国内外三种专利申请受理总计7 037 574件，已经突破700万件。其中，发明专利2 325 012件，实用新型2 414 324件，外观设计2 298 238件。与此同时，国内外三种专利授权总计3 897 359件，已经接近400万件。其中，发明专利721 753件，实用新型1 713 106件，外观设计1 462 500件。以下是1985年4月至2010年

12月国内外三种专利申请和授权对比示意图（图6-1～图6-3）。

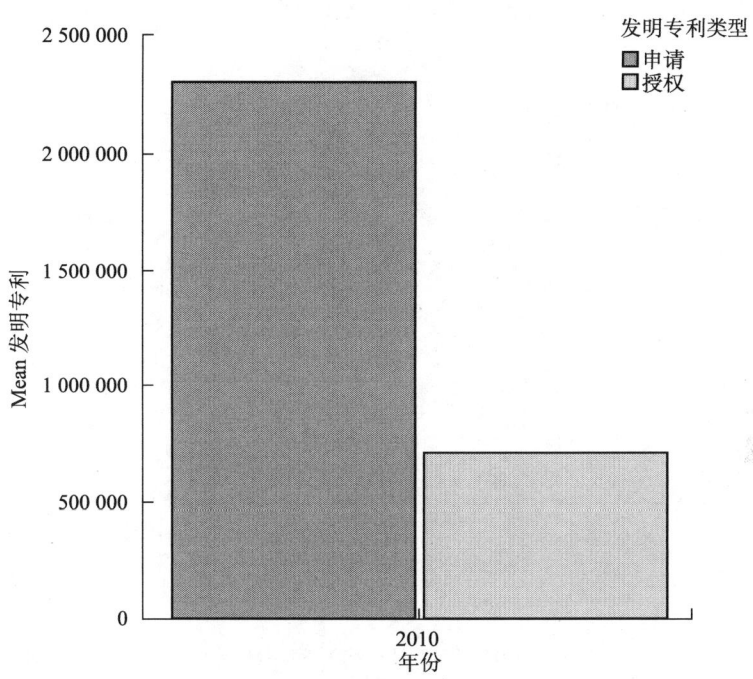

图6-1　1985年4月至2010年12月国内外发明专利申请和授权对比

资料来源：国家知识产权局规划发展司，2011。

从图6-1、图6-2、图6-3明显看出，我国发明专利申请获得授权的比例很低，外观设计专利申请获得授权的比例较高，实用新型专利获得授权的比例最高。这说明我国发明专利获得授权的数量不足，申请质量堪忧。但可喜的是，2006～2010年有效发明专利国内外分布趋势显示出（图6-4）：国内有效专利比例从2006年的75.5%上升至2010年的82.4%；在有效发明专利中，国内申请人获授权所占比例从2006年的33.3%提升至2010年的45.7%，说明虽然国外申请人获授权的有效发明专利数量仍占优势，但国内所占比例逐年提高，且从数量上看，国内外差距也呈现缩小趋势。

鉴于以上情况，我国政府、行业及企业必须各负其责，各尽所能，形成合力，千方百计提升我国发明专利的申请数量与质量，促使我国获得授

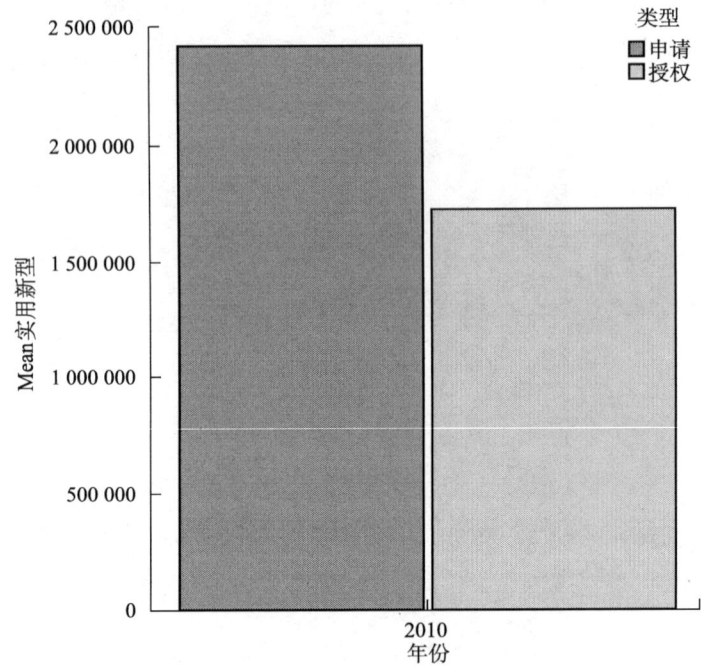

图 6-2　1985 年 4 月至 2010 年 12 月国内外实用新型专利申请和授权对比

资料来源：国家知识产权局规划发展司，2011。

权的发明专利数量大幅增加，从而提升我国整体创新能力。

二、我国专利事业发展存在问题分析

以下通过对国家知识产权局网站公布的"十一五"专利信息统计报告数据进行定量分析，探讨我国专利事业发展中存在的问题，主要是将 2006 年和 2010 年我国专利的相关数据进行对比，来获得一些有益的结论。

图 6-5 说明，国内有效专利构成结构不均衡，实用新型和外观设计专利各占国内有效专利总量的 46.5% 和 39.3%，二者合计高达 85.8%；而创造水平及科技含量较高的发明专利比重相对较低，只有 14.2%，这明确显示出我国有效专利实用新型、外观设计多、发明少

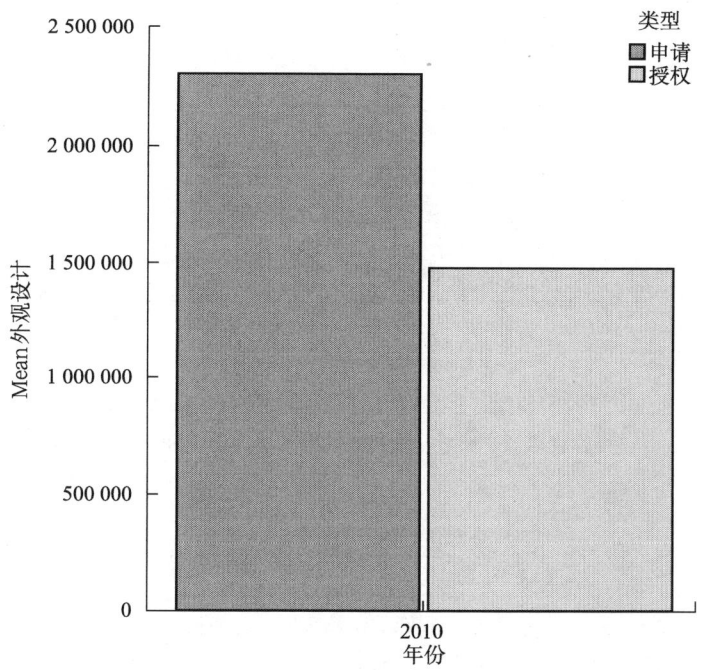

图 6-3　1985 年 4 月至 2010 年 12 月国内外外观设计专利申请和授权对比

资料来源：国家知识产权局规划发展司，2011。

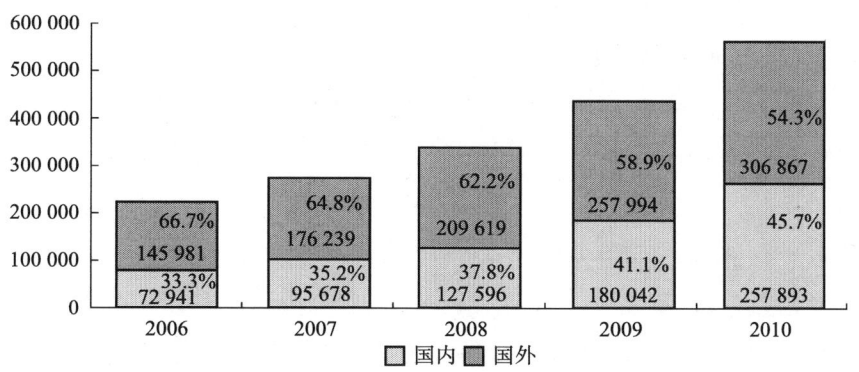

图 6-4　2006～2010 年有效发明专利国内外分布趋势

资料来源：国家知识产权局规划发展司，2011。

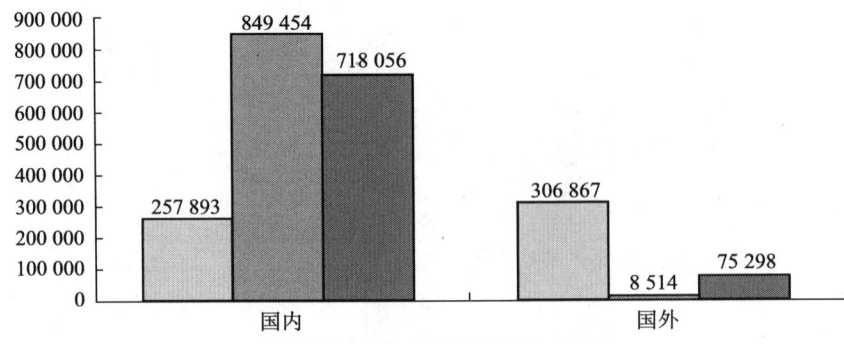

图 6-5　2010 年国内外三种有效专利结构分布图

资料来源：国家知识产权局规划发展司，2011。

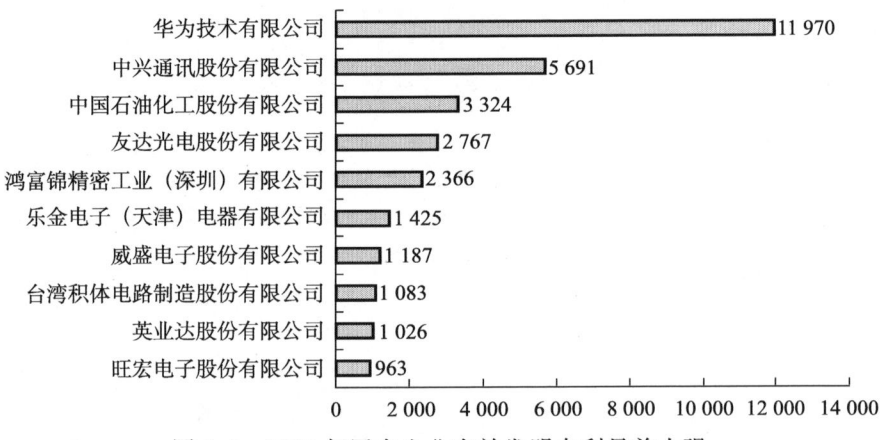

图 6-6　2010 年国内企业有效发明专利量前十强

资料来源：国家知识产权局规划发展司，2011。

的特点。与此相反，国外申请人获授权的有效专利则是以发明专利为主，占到总量的 78.6%，而外观设计专利占 19.3%，实用新型专利仅占 2.1%。说明我国创造水平与国外相比总体水平仍有较大差距，千万不可因成为专利申请大国而盲目乐观。而图 6-6 显示出，国内企业有效发明专利排行三甲的是三家内资公司。其中，华为技术有限公司拥有 11 970 件有效发明专利，遥遥领先，中兴通讯股份有限公司以 5691 件位居第二，中国石油化工股份有限公司以 3324 件位居第三。但其他国内企业的有效发明专利与外资企业相比就数量偏低。这说明我国仍然存在内资企业创新效能较低，与外资企业研发不平衡等问题。

通过对国家知识产权局网站公布的"十一五"专利信息统计报告数据作进一步的定量分析，归纳我国专利事业发展中尚存在以下问题。

（1）专利市场化水平不高。专利的维持时间是表征专利运用与市场化水平的关键指标。维持时间越长，说明创造经济效益的时间越长，市场价值越高。以发明专利为例，统计显示，国内有效发明专利维持时间超过 5 年的有 46.7%，超过 10 年的有 4.6%；国外维持时间超过 5 年的有 83.5%，超过 10 年的有 23.8%。2010 年失效的发明专利中，国内平均寿命是 5 年，国外则为 9 年，充分反映国内创新主体掌握的专利仍以"短平快"为主。

（2）高新技术领域多处劣势。在大部分领域，特别是一些高新技术领域中，国外拥有的发明专利数量数倍于国内。例如，音像技术领域，国外拥有的发明专利数量是国内的 3.1 倍，发动机领域为 2.7 倍，燃料电池领域为 2.4 倍，半导体领域为 2.2 倍。在维持 10 年以上的发明专利中，几乎所有的领域，国外拥有量都是国内的数倍，甚至十几倍。表 6-1 列举了电信以及电机、电气装置、电能高技术领域有效发明专利量前十名的企业。

表 6-1 电信等部分高技术领域有效发明专利量前十名

电信		电机、电气装置、电能	
专利权人	数量	专利权人	数量
华为技术有限公司	528	松下电器产业株式会社	1801
中兴通讯股份有限公司	5280	三星 SDI 株式会社	768
三星电子株式会社	3155	三菱电机株式会社	638
松下电器产业株式会社	2121	西门子公司	467
日本电气株式会社	7105	三洋电机株式会社	438
艾利森电话股份有限公司	1986	索尼株式会社	388
高通股份有限公司	871	TDK 株式会社	362
摩托罗拉公司	690	佳能株式会社	358

续表

电信		电机、电气装置、电能	
专利权人	数量	专利权人	数量
LG电子株式会社	633	阿尔卑斯电气株式会社	349
株式会社NTT都科摩	516	清华大学	333

资料来源：国家知识产权局规划发展司，2011。

表6-1说明，我国以企业为主的创新主体在有效发明专利的数量上与国外企业相比仍有差距。在具体技术领域，特别是在一些高新技术领域，国外企业所持有的有效发明专利数量占据优势，国内企业一定程度上面临着规避专利侵权与技术创新的双重压力。

（3）企业核心创新能力不强。2010年，国内企业有效专利中，发明专利所占比重为14.9%，比"十一五"期初提高不到两个百分点。在家用电器领域，松下、西门子在华有效专利八成以上是发明专利；而在海尔集团拥有的专利中，发明专利比重是15.6%，美的集团仅为1.6%。在专利拥有量过千件的汽车制造企业中，通用汽车发明专利所占比重是98%，丰田是66%，而奇瑞不到8%，长安汽车仅有3.4%。这说明，国内企业在外围创新领域表现活跃，但在核心创新领域的能力积累缓慢。

因此，国内企业要运用"充分合作与共赢"理念，大力开展专利资源的协同利用、协同保护和协同创造，提高核心创新能力。同时，政府应该更加关注创新投入的产出质量和效益，构建产学研用相结合的专利创造与运营体系，引导和鼓励企业增加国内发明专利拥有数量并延长存续期。

第二节 供需网企业专利协同应用的内容

供需网企业专利的协同应用范围非常广泛，比如组建专利联盟、专利协同对外许可或转让、专利合作主导行业标准、联合进行行业专利预警等。本章主要研究供需网企业专利协同应用的三个重要方面：供需网企业专利的协同利用，供需网企业专利的协同保护，供需网企业专利的协同创造。供需网企业专利的协同创造、协同利用、协同保护这三个方面相互作用、辩证统一于供需网企业专利协同应用的全过程，无疑是供需网企业专利协同应用最为重要的三个方面。

一、供需网企业专利协同利用

参考刘介明（2009）在其博士学位论文《供应链企业知识产权协同管理研究》中的观点，以下着重分析供需网企业专利协同利用的方式、机制与流程。

1. 供需网企业专利协同利用的主要方式

供需网企业专利协同应用的主要方式如下：专利信息共享，专利内部实施、转让或交叉许可，专利协同对外许可或转让，构筑技术优势和壁垒，组建专利联盟及建立行业标准等。

2. 供需网企业专利协同利用的机制设计

为了更大限度地发挥供需网企业专利协同利用效应，提高专利协同利用效果，需要从供需网整体利益出发，全面、系统地对供需网企业专利协同利用的各种机制进行设计和优化，尽量为供需网企业专利协同利用提供机制保障。供需网企业专利协同利用的机制设计，主要包括契约机制、诚信机制、激励与惩罚机制、监督与考核机制四个部分的内容，四个部分之间的关系如图6-7所示。

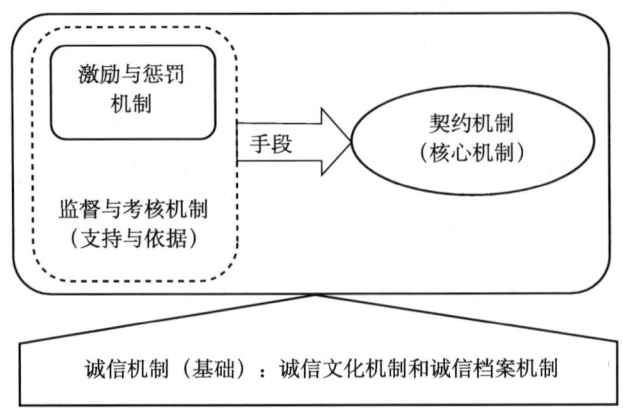

图 6-7　供需网企业专利协同利用的机制设计

资料来源：刘介明，2009。

3. 供需网企业专利协同利用的流程分析

供需网企业无论通过哪种方式协同利用专利都必须经历三个阶段：专利协同利用的准备阶段、专利协同利用关系的建立阶段和专利协同利用阶段。

专利协同利用的准备阶段主要流程如下：供应链企业表达协同利用专利的意向，汇集协同利用专利的相关信息，评估欲协同利用专利的可协同性和协同风险，确定供需网企业专利协同利用的条件和协同方式。

专利协同利用关系的建立阶段主要是指谈判、拟定、修改和签署专利协同利用契约的具体过程，它主要包括以下几个方面：谈判与协商专利协同利用的方式，确立专利协同利用的约束条件和利益分配模式，设计专利协同利用的具体契约条款，谈判、修订并签订专利协同利用的具体契约。

专利协同利用阶段是指已经签署专利协同利用契约的各供应链企业，按照具体的契约约定对专利进行协同利用并分配收益的过程，主要包括以下几个方面：建立协同专利信息库，分享、利用专利库内的专利，按照契约分配收益。供需网企业专利协同利用的具体流程如图 6-8 所示。

第六章 供需网企业专利协同管理的应用 145

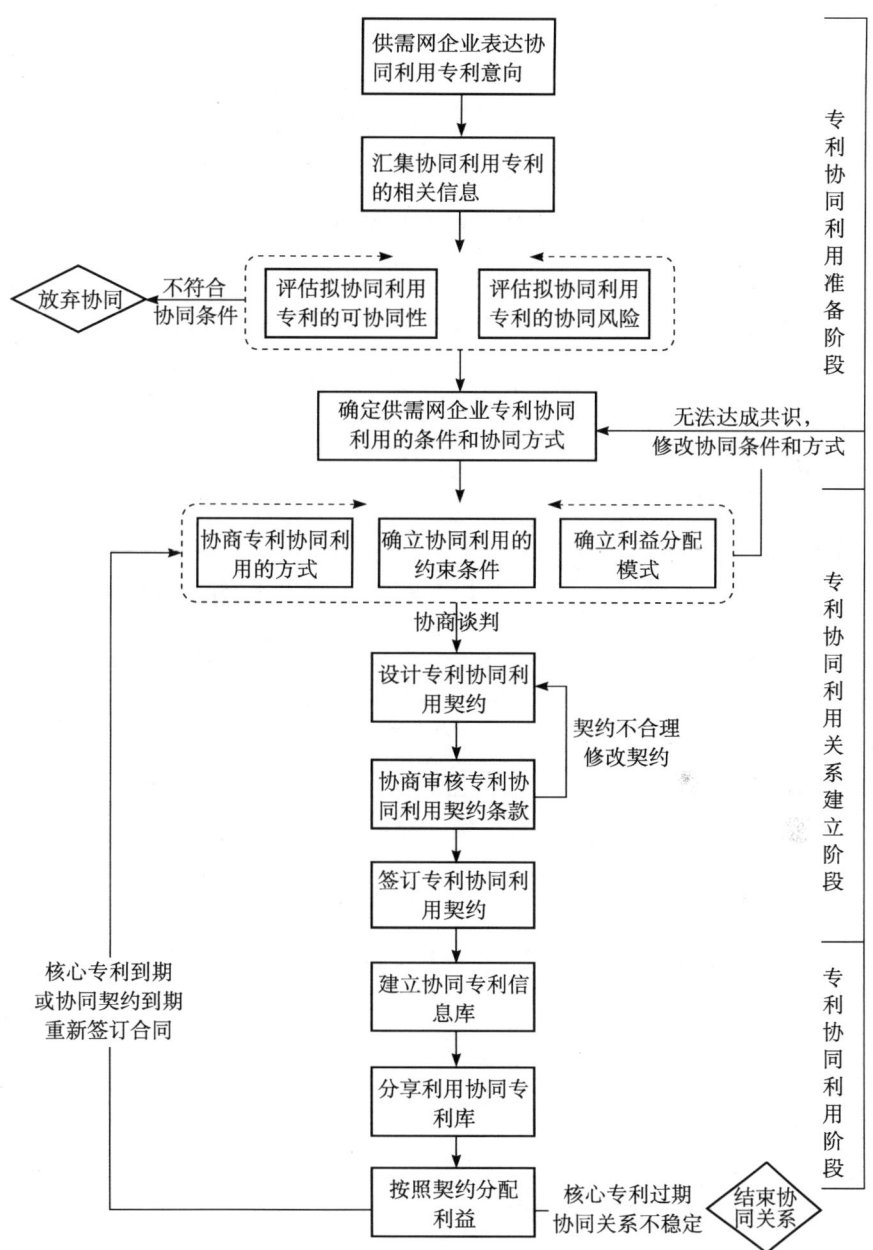

图 6-8 供需网企业专利协同利用流程图

二、供需网企业专利协同保护

供需网企业专利协同保护的主要内容包括专利技术秘密权、专利许可权、专利转让权和专利收益权四个方面。

监督与协同反应机制是供需网企业专利协同保护得以稳定、高效运作的重要手段,因此,在参与专利协同保护的供需网企业之间建立一套合理、有效的监督与协同反应机制十分必要。由供需网专利协同保护委员会领导、组织所有参与专利协同管理的供需网企业,具体如图6-9所示。

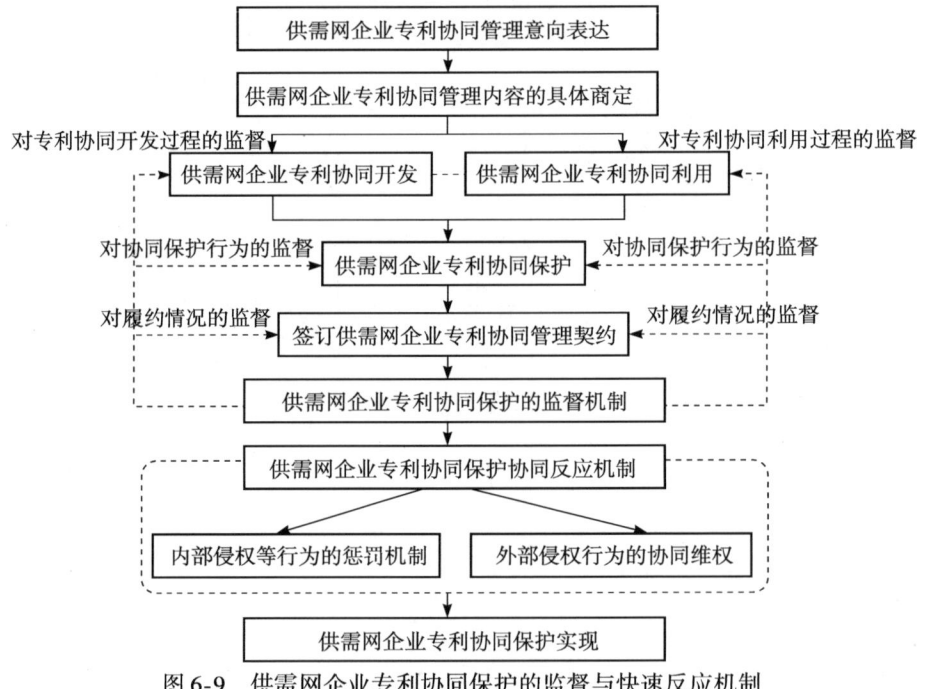

图6-9 供需网企业专利协同保护的监督与快速反应机制

三、供需网企业专利协同创造

经济科技全球化和互联网的普及,使得企业之间的合作日益加强,发达国家跨国公司通过专利联盟垄断市场利润的趋势日益明显。我国企业面临来自外界越来越大的压力,已有开展合作、进行专利建设和保护方面的强烈需求。由于产品往往是许多技术的集成,而这些技术不可能由一家企业独立完成,因此需要集成供需网的专利、技术、资金、人才等资源协同创新,提高自主创新能力。在供需网企业之间专利资源协同管理中,采用"有控自组织"策略,通过Web2.0技术等自组织方式,充分发挥企业各自的积极性,不断地对系统进行优化;同时通过协同管理系统等他组织方式,使企业之间能够有效进行专利资源协同管理,共享科技资源,优势互补、协同创新,快速开发出以市场需求为导向的专利产品。企业之间基于提升技术水平的共同战略目标,应聚集内外部的专利等创新资源,实现优势互补、合作共赢(王宪云和徐福缘,2011b)。

1. 重视专利引进和消化、吸收、再创新

除了华为、海尔等少数企业外,我国大多数企业技术创新能力低下,一直是新技术的跟随者,处于产业发展的末端,主要生产低附加值产品。面对国际市场需求不振,国内劳动力成本上升、原材料价格上涨、人民币升值,土地和能源等资源的约束等挑战,提升技术创新能力、培育知识产权优势、实现产业升级,已成为我国政府和企业的共识。作为市场的后来者,我国企业既要注重从发达国家引进先进技术,更要重视对引进技术的消化、吸收及对相关专利文献的深入研究挖掘,采取反解工程方法破解和掌握有关技术,并在此基础上进行二次创新,使自身的研发能力获得大幅度提升。

韩国三星的"技术引进与消化创新"发展模式获得了成功,值得我国企业学习。如三星的半导体技术在很短的时间内,通过先进技术的导入、消化吸收、自行开发,实现了有效的技术升级;半导体DRAM技术,在1979年与先进国家相比相差五年,而到1994年则达到了国际领先水平。

2. 采取以专利控制为目标的合资、并购策略

在政府推动和政策引导下,我国企业的知识产权意识日益强化,技术

水平也不断提高。但我国企业在一些技术领域与世界先进企业相比，仍存在差距。我国企业越想实现产业升级、进入高端市场，需要的技术就越先进，而这方面的技术积累明显不足，必须依赖外国企业。

由于许多产品是多项技术的集成，这些技术不可能由一家企业独立完成，因此需要各企业协同创新、协同管理专利资源。现阶段我国企业应采取以专利控制为目标的合资、并购策略，主要有以下几种方式：①与国内外企业、高校、科研机构合作研发。②与其他企业签订技术转让协议。③并购发达国家的高新技术企业，但在并购中不能只关注大企业本身，更要重视从拥有先进技术却需要现金流的小企业获取专利技术，并增加对专利技术的消化、再创新投入，进行技术上的自主创新，打造自己的核心技术优势。

我国吉利集团在这方面进行了有益的尝试。吉利集团利用"外脑"，通过引进其他企业的高级技术人才，自主开发成功自动变速箱，特别是近几年从国内外知名汽车公司引进的一大批高级技术人才和高级管理人才，在教育产业、产品研发、技术质量、生产经营、市场营销等方面发挥了重大作用，成为吉利汽车后来居上的重要保障。为了进一步提升企业的技术创新能力，打造国际知名品牌，2010年8月3日吉利集团宣布，以13亿美元完成对福特汽车公司旗下全资子公司沃尔沃公司的收购，成为我国汽车企业成功收购国外汽车企业和品牌的第一个成功案例。根据收购协议，吉利不仅收购了沃尔沃的全部股权，而且还收购了专利技术等知识产权（包括安全和环保方面先进的知识产权）、制造设备，获得了沃尔沃在全球的经销渠道。

3. 建立以专利优势互补为目标的跨国技术联盟

企业的技术一旦达到先进水平，不仅有国内企业谋求该企业转让技术，而且国外的先进企业也会对其刮目相看，愿与该企业共享技术。这时，企业不仅可通过技术转让获得经济收益，而且获得先进技术的机会也更多、代价更小，企业的技术进步会在一个新的更高水平的台阶上以更快的速度向前迈进。这类企业应适时采取以专利优势互补为目标的跨国技术联盟策略,与拥有尖端技术的国际企业(如东芝、NEC、摩托罗拉、思科、西门子等)结成战略联盟,共享技术。目前,我国企业总体上技术实力还不够强大,在与拥有尖端技术的国外企业结成战略联盟的谈判中,处于不利地位。为了增加在国际技术联盟中的话语权,我国企业应联合起来,建立国内产业技术联盟,通过这一联盟与国外企业谈判,可获得较优惠的合作条件。

"e家佳"是我国工业界第一个向全球开放的产业、标准、技术联盟,2003年由海尔集团、清华同方、中国网通、上海广电集团、春兰集团、长城集团、上海贝岭七家企业发起组建。随后,中国电信、歌华有线等运营商,及国内数百家电气制造商、房地产商等纷纷加盟。随着"e家佳"联盟的技术实力不断增强,全球第一大互联网解决方案提供商——美国思科,跨国IT巨头——大宇电子等,也加盟"e家佳",为其产品的国际化推广奠定了基础。凭借强有力的政府支持和"e家佳"成员的不懈努力,"e家佳"联盟已完成基础专利的部署工作,应用专利的部署也在细致、深入地进行。该联盟制定的数十项技术标准,陆续在国内外市场推广、普及,对企业实行专利资源协同管理、提升技术水平发挥了重要作用。

第三节 企业专利协同实践及讨论

一、韩国三星的专利协同实践与启示

韩国三星以生产黑白电视起家,之后,依靠成功的知识产权战略、人才战略等,其产品范围从简单低级的家用电器、消费电子产品,不断扩大到复杂尖端的高技术信息和通信设备、计算机及外围设备、半导体和大规模集成电路,销售额逐年大幅增长,技术能力得到快速和长足发展。目

前，三星已是跻身世界500强的跨国公司，在电子行业处于全球领先地位。2010年《福布斯》杂志网络版发布的"2010年度全球最具价值品牌榜"年度排行榜中，三星以128亿美元位居全球第33位；而美国咨询公司"Interbrand"发布的2010年的全球企业品牌价值排行榜中，三星更以194.91亿美元位居全球第19位。

作为一名后来者，三星也经历了从"加工厂"到打造世界知名品牌、从模仿引进技术到自主创新引领潮流的蜕变，经历了从廉价货的代名词到生产最尖端的产品、以高档次的形象风靡全球市场的转型升级。它的成功经验对同样是迟来者的中国企业必将有许多可以学习借鉴的地方。比如，三星特别关注技术竞争情报，善于从专利文献中抓住技术机会。韩国三星于1997年获得DVD激光头领域的关键技术专利授权（专利号为US5665957），该发明是在借鉴了日本、美国和德国的光学寻址、光学读取、光学转换器、光学扫描头、纠错装置、分层读取装置原理等17个专利的相关技术基础上研制而成的。这一技术不仅是透镜装置的核心技术，也是整个DVD激光头技术的核心技术，两年时间就被日本、美国的公司引用13次，自引6次，其后一直表现出旺盛的生命力，10年间得到了58次引用，平均每年被引5.8次（孙涛涛和金碧辉，2008）。三星非常重视利用知识产权保护自己的领先技术，将其中的核心技术积极申请专利。2008年三星的子公司三星电子拥有专利数量累计达20 510项，涉及5897个不同的技术领域，主要分布在三大技术领域，即半导体与电子电路、通信、计算与控制（栾春娟和曾国屏，2009）。三星不仅拥有世界一流的技术研发人员的忘我的努力，而且拥有卓越的懂得市场运营的职业经理人，正确把握市场、产品和技术的动态匹配，才能推动企业产品满足市场需求，进而产生效益（桑赓陶，2004）。三星依靠全球化的品牌战略管理，凭借产品的领导性、系统性的品牌管理和差异化营销模式，使其品牌迅速成功，近20项产品做到了世界第一，成为超越日本索尼的国际一流品牌（谢作渺和彭娟娟，2006）。因此，我国企业应对专利文献等技术情报深度挖掘，通过合资、购买、合作、专利授权等方式增加专利技术引进，并消化再创新，重视知识产权的保护和运用，实施专利产业化、专利标准化战略，还要开展以市场为导向的产品设计创新等持续的国际化品牌建设，并对设计创新成果及时申请专利、版权，实现品牌与技术创新的良性互动，从而有效提升我国企业的专利创造水平。

二、日本三菱材料的专利协同实践与启示

日本三菱材料（Mitsubishi Materials）的刀具在汽车行业刀具消费市场的占有率达到50%，在汽车行业刀具消费市场具有很强的竞争优势。日本三菱材料近30年的发展依靠了合作研发的方式，即最大限度地整合各方资源、挖掘利用合作对象的优势技术。以下是三菱材料常用的四种专利技术研发合作模式。

1. 大量采取"产学研"模式

一般而言，研究机构的技术理论深厚且意识超前，易于把握行业发展方向。因此，企业应积极地、大量地采用"产学研"模式协同研发新技术专利。例如，三菱材料与东京工业大学在涂层工艺领域开展大量基础研究合作，于2007年双方共同提交了3件涂层复合技术专利申请，以改善涂层的整体性能。

2. 三菱材料与下游企业展开合作

与客户合作解决客户的需求是日本三菱材料一种睿智的选择。例如，2001年与本田发动机厂共同研发可转位刀片式铣刀，2000年与日产发动机厂共同研发深孔切削刀具，1997年与丰田电动车厂共同研发复合刀具。

3. 三菱材料与上游企业展开合作

日本三菱材料也积极与上游企业进行合作研发。例如，2005年与日本特殊陶业共同研发金属陶瓷刀具，1994年与TDK公司共同研发立方氮化

硼刀具。

4. 三菱材料与同行企业（竞争对手）的合作

网络经济时代，行业中"零和博弈"的游戏规则已向"共赢"的新模式转变，同行企业虽然是竞争对手，但同样存在优势互补的合作基础。因此，日本三菱材料也开展与同行企业（竞争对手）的合作研发。例如，专利JP2001157902A是其在1999年与住友电工共同研发的金刚石刀具技术，专利JP2010121192A是其在2008年与Shinkokinzoku工业公司共同研发的金属陶瓷刀具技术。

由此可见，日本三菱材料的专利技术研发合作对象涉及极为多样化的行业，与不同合作对象的研发重点也不同。其与下游企业合作侧重于刀具的具体应用，与上游企业合作偏向于刀具的新材料挖掘，与大学、研究机构的合作更关注可能引领行业发展的前沿理论探索，至于同行企业，其合作着眼于刀具领域的通用性问题。

我国企业应该从日本三菱材料的专利协同实践中获得重要启示。我国企业需要向三菱材料学习，在内修实力的同时，还应该外修合作创新，通过内外兼修，更好、更快地形成符合企业发展战略的核心竞争力。

三、我国企业的专利协同实践

近年来，我国企业非常热衷于并购欧洲企业。通过对欧洲企业的并购，中国企业不仅可以获得有助于自身发展的知识产权，更重要的是通过学习有益的经验，提升自主创新的能力。2011年，中国企业在欧洲的并购金额超过700亿美元，是2010年的10倍。

2010年8月3日，吉利集团宣布，以13亿美元完成对福特汽车公司旗下全资子公司沃尔沃轿车公司的收购，成为中国汽车企业成功收购国外豪华汽车企业和品牌的第一个成功案例。同时，这也意味着吉利将有权使用沃尔沃轿车公司的全部知识产权，包括安全与环保方面先进的知识产权。根据收购协议，吉利不仅收购了沃尔沃的全部股权，买到了沃尔沃的专利等知识产权和制造设施，还获得了沃尔沃在全球的经销渠道。

2011 年，山东重工集团有限公司（下称山东重工）花费 3.5 亿欧元成功并购意大利法拉第公司，从而拥有了法拉第公司数百件专利和 8 个品牌的使用权，这将十分有益于增强山东重工在先进的通用发动机等方面的制造能力。

2011 年 5 月，联想集团以 2.31 亿欧元收购德国麦迪龙公司 36.66% 的股份，成功控股麦迪龙公司。根据双方协议，将在技术研发、品牌使用、分销渠道等方面实现共享共赢。

2011 年，浙江卧龙控股集团有限公司完成了对欧洲三大电机制造商之一的奥地利 ATB 集团 97.94% 股权的收购兼并，也是以获得专利许可或品牌使用权实现双赢。

综上所述，本章通过对我国专利事业发展现状及问题分析，明确了专利协同利用、协同保护和协同创造对我国专利事业发展的重要性，然后探讨了供需网企业如何开展专利协同利用、如何进行协同保护及如何实行协同创造。本章提出的专利协同应用的方法和机制可以为我国企业培育专利优势提供重要参考，对供需网企业尤为适用。

【专论 6-1】 以产业联盟提升企业的专利竞争力[①]

一、我国电子百强企业组建产业联盟的实践

为了应对跨国公司联盟实行的专利遏制战略，解决我国信息产业的技术瓶颈，以电子百强企业为代表的本土龙头企业，积极优化组织资源的配置，组建了不少以本土企业为主的产业联盟，并取得了积极的效果。其中以 TD-SCDMA 联盟、"闪联"、"e 家佳"等具有代表性。从 2000 年 5 月 TD-SCDMA 被 ITU 批准为第三代移动通信国际标准之日起，到 2000 年 12

---

① 申其辉 . 2008. 以产业联盟提升企业的专利竞争力 . 中国科技投资，(2)：30-32.

月12日TD-SCDMA论坛成立,这个产业联盟在全世界拥有数百家。它使我国政府对TD-SCDMA标准的支持有了一个载体。百强企业采取技术标准联盟等形式,逐渐成为制定自主标准的骨干力量。以百强企业为主体成立的数字家电中国标准工作组——"闪联"、"e家佳",涵盖了终端、部件、芯片、运营商等数字家电产业链的各个环节;数字电视、TD-SCDMA、下一代网络等标准也取得重大进展。

我国信息产业联盟的发展趋势表现为:一是加强产业内联盟,同行业强强联盟越来越多;二是积极与跨国公司和其他行业组成联盟。通过产业联盟达到协同共赢的目的,已成为百强企业的基本战略。

产业联盟对百强企业的专利竞争力来说具有双重意义:一是加强了前瞻性技术研发,获取了更多的专利技术;二是增强了参与制定国际标准的博弈能力。百强企业联合制定自主技术标准,增强了自己的专利竞争力,促进了信息产业的发展。

二、产业联盟对提升企业专利竞争力的重要作用

产业联盟是企业间核心资源一体化的结果,具有优化资源配置的功能,它的收益是多方面的,如联盟所带来的超额商业盈利,开拓新市场和扩大原有市场份额,专利技术创新主体素质的提高。产业联盟通过契约形式有条件地使用所有成员的资源,解决了单一企业面临的某些资源稀缺性问题。电子百强企业经过21年的发展,已经摆脱了初期的扩大规模方式粗放经营,更注重通过优化组织资源,来提升专利竞争力,取得了显著效果。在信息产业经济高速增长的同时,涉及信息技术领域的专利申请也大幅增长,在"九五"与"十五"期间,专利申请年平均增长率达到25.32%。涉及信息技术领域的发明和实用新型专利申请,占到全部专利申请的30%以上。这些增长与变化表明,产业联盟对提升百强企业的专利竞争力,发挥了越来越重要的推动作用。

1. 产业联盟扩大了产业研发经费投入的来源

加大研发投入强度是提高自主创新能力的关键。随着信息技术创新周

期缩短和研发投入的资金越来越多,资金瓶颈已成为首要问题,单个企业很难承担突破重大技术需要的巨额投资。例如,为研发国产3G标准,大唐移动已投入超过10亿元人民币的资金。在2003年,国家发展和改革委员会、科技部、信息产业部联合拨出7亿元专项资金,用于扶植国产3G标准,但研发3G还是缺钱。组建产业联盟则有助于扩大我国信息产业研发经费投入的来源。2007年,政府投入和电子百强企业研发投入力度明显加大,年平均增长19.2%,远远高于全行业平均水平。第21届百强企业研发经费投入434亿元,比上届增长了21%,占营业收入比重3.86%,高于全行业平均水平1.8个百分点。

百强企业2007年研究与发展经费支出达429亿元,比上年增长20%,比同期收入增速高出5个百分点,研发经费占营业收入比重达到3.9%,高于全行业平均水平(2.1%)1.8个百分点。研发投入的增加使百强企业不断突破核心技术,形成许多专利技术。

目前,信息产业领域国内技术专利、行业标准、重大技术成果和名牌产品等成果的主体已经基本是百强企业。

2. 产业联盟提升了专利技术的层次,推进我国专利技术向核心技术发展

随着研发资金来源的扩大和组织资源的优化,百强企业的专利竞争力得到了很大的提升,使我国信息技术领域国内专利申请的增长速度、申请数量都已超过国外专利申请量。经过2004年产业联盟的高速发展之后,2005年中兴通讯申请的PCT(专利合作条约)居发展中国家企业的第9位,而华为则在全球排名第37位。京东方目前已在TFT-LCD领域拥有3428项专利,专利数在该领域排名全球第五,而在AFFS(主流宽视角)技术领域,京东方拥有专利数居全球首位。实施产业联盟战略,使华为在3G领域跻身全球前列,掌握了从系统、终端到芯片设计的成套技术,并在20多个国家和地区获得了丰厚的商业价值。为了反击跨国公司的专利遏制战略,电子百强企业进行优势互补,组建产业联盟,介入芯片等上游专利技术领域的研究开发,并取得了丰硕的成果,如厦华开发出"炎黄一号"

和高清电视显示器控制芯片,海信开发出"信芯"视频处理芯片,海尔推出数字电视"中国芯",长虹也推出"虹芯"一至四号。这些上游专利技术提升了我国整机企业的开发能力。

3. 产业联盟巩固了企业在专利申请中的优势地位

近年来,电子信息技术领域专利申请保持了33.61%的年均增长率,不仅在增幅上高于国外,在数量上也逐渐超过国外。与"九五"期间相比,"十五"期间信息技术领域专利总量增加了7.8%,信息技术领域国内专利申请增加了8.34%。更可喜的是,涉及发明和实用新型专利申请已经占到全部专利申请的30%以上。计算机、电子元器件、通信的专利申请数量尤为可观。百强企业受惠于产业联盟的组织绩效,不断巩固它们在专利申请中的优势地位。

4. 产业联盟改变了国外发明专利申请长期高于国内的局面

电子信息产业是我国高新科技产业的重中之重,信息技术领域是专利积累最多的领域。在目前已公开或授权的发明专利和实用新型专利1 514 826件中,属于信息技术领域的有458 965件,占总申请量的30.30%。

产业联盟组织资源配置的优化,使我国改变了国外发明专利申请绝对数量长期高于国内的局面,来自国内的发明专利申请数量超过了来自国外的申请。1996年以后,信息技术领域国内专利申请增长速度加快,平均增长率为25.32%。2000年百强企业中有专利申请的只有44家,2005年已达到90家,其中80%有发明专利。为应对跨国公司的专利遏制战略,我国百强企业也加快专利国际化步伐。2005年,华为、中兴通讯申请的PCT专利分别居发展中国家企业的第3位和第9位,华为以249件PCT专利跃居全球第37位,首次超过老对手思科公司(212件,第44位)。从近年来信息专利技术态势的发展趋势分析,国内外企业的差距正在逐步缩小。这说明,产业联盟对提升我国专利竞争力发挥了重要作用。

三、通过产业联盟提升专利竞争力的政策建议

专利竞争力是高新技术企业的核心竞争力,拥有品牌、核心专利技术、自主知识产权这三种竞争优势的企业才是市场的强者,而通过产业联盟来提升专利竞争力,离不开政府的大力扶持。

1. 对产业联盟的重大技术创新进行财税支持

当代重大技术往往是一个处于共同控制下、集中在一个技术领域共享关键技术性特征、明显区别单个企业的专利,对重大技术创新进行公共财政支持已经成为共识。从提升我国专利竞争力的角度来看,专利政策强调的是一种以公共财政支持,以集中资源、突出共性突破重点为特点的政策理念。但是,支持单个企业,还是支持产业联盟,才能更快地提升我国信息产业的专利竞争力,则还是一个需要研究的问题。《我国信息产业拥有自主知识产权的关键技术和重要产品目录》中凝练出了集成电路、软件、电子元器件和材料等13个重点技术领域。这些领域的前沿专利技术的研发风险大、成本高,需要巨额资金,很难靠一家企业独立承受,因此,希望政府部门能加大对产业联盟的专利技术研发费用的财政补贴,调整电子发展基金支持重点,整合有限资源用于共性的前沿性的重大科技项目的研发和产业化投入。在电子百强企业中,要重点支持能快速提升我国专利竞争力的百强企业。

2. 激励本土企业与跨国公司组建产业联盟

我国电子百强企业与跨国公司合作,已经从早期的合资和合作转为战略联盟,但我国百强企业与跨国公司存在实力差距,在联盟中还处于弱势地位,话语权较小,甚至还不如日韩企业。日韩企业与欧美企业的联盟基本上是平等的战略联盟,如LG与飞利浦、三星与索尼、三星与IBM等。尽管这样,在产业联盟政策方面,我国政府也要实施"走出去"战略,鼓励本土企业与跨国公司组建产业联盟,这样才能把握信息专利技术发展的方向。面对技术研发全球化、本地化的潮流,百强企业要主动加快国际联盟的步伐,通过与一流跨国公司结成产业联盟,共同

推进新专利开发。

3. 完善监管机制和治理结构，提升产业联盟的组织绩效

我国信息产业的一个显著特点是，电子信息产业的国家竞争力较强，但本土企业竞争力较弱。对任何单个企业而言，都存在着核心技术、市场、资金、人才和资源等五大瓶颈制约。当代技术扩散效应大大增强，百强企业只有加强协作才能共同缩短创新周期和专利发明的效率。产业联盟则提供了一种机制，使原本互相竞争的企业达成合作，达到共同提升专利竞争力的目标。因此，需要通过提升产业联盟的组织绩效发挥协同效应，以减少本土企业的无效或低效竞争，增强我国电子百强企业的专利竞争力。加大政府监管的绩效，完善产业联盟的治理结构，将本土企业之间关系从单纯竞争关系转为竞争合作的联盟关系，分享彼此的技术和信息，进行集成创新，提升专利竞争力，实现从"分散竞争"到"双赢"和"多赢"的转变。

4. 构建产业联盟的法律保障体系

市场经济是法制经济，法律已成为经济发展不可或缺的一个部分。发展信息产业联盟同样离不开法律，即只有建立和完善相应的联盟法律法规，才能使产业联盟得以高效地发展，才能使联盟保持活力。

早在1984年，美国就颁布实施了"国家合作研究法"，鼓励"在有相似技术需求的公司之间进行合作研究与开发"。但我国产业联盟还处于初级阶段，没有相应的法律法规来规范产业联盟，应加紧出台相关的政策法律。法律应当在明确规范联盟方式的基础上，再进行具体的规定。例如，制定与产业联盟相应的法律法规，健全与技术转让联盟相应的法律法规。这样，促使企业加快技术开发的速度，降低企业单独进行R&D活动所带来的技术不兼容性，争取本土企业的专利技术尽早进入市场。同时，制定其他相应的法律法规，构建协调机制，为联盟的激励和约束机制提供法律保障。

参 考 文 献

陈鼓，刘平．2004．我国台湾地区"专利策略联盟"运作方式及启示．电子知识产权，
（4）：23-28．

陈菊红，汪应洛，孙林岩．2001．虚拟企业伙伴选择过程及方法研究．系统工程理论与
实践，21（7）：48-53．

陈莉平．2005．基于协同效应提升企业竞争力．技术经济，（3）：25-27．

陈荔，徐福缘，顾新建．2011．企业间专利资源协同管理探析．企业经济，（2）：27-30．

陈欣．2007．国外企业利用专利联盟运作技术标准的实践及其启示．科研管理，（4）：
23-29．

陈欣，刘丽娜．2005．专利联盟垄断问题的经济学分析．经济问题探索，（12）：42-44．

陈志祥．2004．敏捷供应链协调绩效评价指标体系研究．计算机集成制造系统，
10（1）：102-103．

程郁，郑风田．2009．产业集群与技术创新模式的协同演进机制：基于云南斗南花卉产
业技术追赶的案例研究．科学学研究，（10）：1591-1598．

戴毅茹，严隽薇．2002．基于市场驱动的虚拟企业伙伴选择方法．计算机集成制造系
统，8（9）：710-714．

丁铭华．2009．基于自组织的企业集团资源协同管理研究．上海：同济大学博士学位论
文：114，115．

丁铭华．2010．企业集团资源协同管理环状机制模型研究．上海经济研究，（2）：75-81．

杜晓君，马大明，张吉．2010．基于进化博弈的专利联盟形成研究．管理科学，
23（2）：38-44．

段秉乾．2008．基于模糊层次分析法的产品创新风险评估模型．同济大学学报（自然科
学版），（7）：1003-1005．

高良谋．2003．购并后整合管理研究——基于中国上市公司的实证分析．管理世界，
（12）：107-114．

顾新建，祁国宁．2008．人才、专利和技术标准三大科技发展战略中的成组技术．成组
技术与生产现代化，（2）：1-3．

顾新建．2009．企业间专利资源协同管理模式及其软件使能技术研究．杭州：浙江大学

国家高技术研究发展计划（"863"计划）课题自验收报告．

国家知识产权局规划发展司．2011.2010年中国有效专利年度报告．专利统计简报，（06）：1-2.

海峰．2003.管理集成论．北京：经济管理出版社．

郝勇，范君晖．2007.系统工程方法与应用．北京：科学出版社：43-60.

何建佳，徐福缘，黄在鑫等．2011.复杂供需网下的企业信用风险因素研究．现代管理科学，（2）：22-24.

何静．2004.多功能开放型企业供需网的若干重要问题研究．上海：上海理工大学博士学位论文．

何静，徐福缘．2003.SDN及其内部合作伙伴关系的博弈分析．系统工程，21（2）：60-63.

何静，徐福缘．2005.多功能开放型企业供需网成员企业合作关系的经济模型．上海理工大学学报，27（1）：37-42.

何静，徐福缘．2009.多功能开放型企业供需网的稳定机理研究．华东经济管理，23（10）：85-88.

赫尔曼·哈肯．1988.协同学．戴鸣钟译．上海：上海科学普及出版社．

赫尔曼·哈肯．1989.高等协同学．郭志安译．北京：科学出版社．

赫尔曼·哈肯．2001.协同学——大自然构成的奥秘．凌复华译．上海：上海译文出版社．

胡宇辰．2005.产业集群支持体系．北京：经济管理出版社：135.

蒋言斌．2005.我国电子产品专利预警及其知识产权立体保护．标准与知识产权，（10）：37-41.

J 弗雷德·维斯通，苏珊·E 侯格，S 郑光等．1998.兼并、重组与公司控制．北京：经济科学出版社．

靳景玉，刘朝明．2006.基于协同理论的城市联盟动力机制．系统工程，（10）：15-19.

李明星．2009.以市场为导向的专利与标准协同发展研究．科学学与科学技术管理，（10）：43-47.

李晓梅，2007.基于供需网的汽车制造供应商选择评价及协同对策研究．天津：天津大学博士学位论文．

李玉剑，宣国良．2004a.专利联盟：战略联盟研究的新领域．中国工业经济，（2）：48-54.

李玉剑，宣国良. 2004b. 专利联盟反垄断规制的比较研究. 知识产权，(5)：52-55.

李玉剑，宣国良. 2005. 专利联盟与专利使用效率的提高. 科学学研究，(4)：513-516.

理查德·R 纳尔逊，悉尼·G 温特. 1997. 经济变迁的演化理论. 胡世凯译. 北京：商务印书馆.

梁莹，徐福缘. 2009a. 基于多 Agent 的专利资源协同获取模型研究. 情报理论与实践，(8)：118-120.

梁莹，徐福缘. 2009b. 企业间专利资源协同管理研究. 科学学与科学技术管理，(11)：35-39.

林岩，陈剑. 2008. 以专利数据计量汽车零部件供应商的知识创造. 科学学研究，(10)：152-158.

林岩. 2009. 运用供应链伙伴知识提升知识创造水平：基于专利数据的分析. 中国软科学，(9)：138-146.

林岩. 2010. 汽车生产供应链上下游企业间的合作知识创造. 科研管理，(3)：52-60.

刘彩虹，刘小晶，徐福缘. 2009. 供应链企业向供需网转变的目标行为仿真建模. 计算机集成制造系统，15（11）：2124-2132.

刘彩虹，徐福缘. 2008a. 从混沌看 SDN 系统的演变. 商业研究，(2)：40-43.

刘彩虹，徐福缘. 2008b. SDN 子网进化博弈研究. 系统工程与电子技术，(7)：1269-1272.

刘彩虹，徐福缘. 2008c. 供应链系统转变为供需网系统研究. 运筹学学报，12（4）：113-121.

刘彩虹，徐福缘. 2008d. 供需网子网内部智能风险预测模型研究. 计算机集成制造系统，14（10）：1927-1939.

刘刚. 2005. 企业的异质性假设：对企业本质和行为的演化经济解释. 北京：中国人民大学出版社.

刘华，刘立春. 2010. 政府专利资助政策协同研究. 知识产权，(2)：31-36.

刘介明. 2009. 供应链企业知识产权协同管理研究. 武汉：武汉理工大学博士学位论文.

刘亮. 2006. 面向供需网协同的汽车工业生产计划和控制方法研究. 天津：天津大学博士学位论文.

刘林青. 2005. 国外"专利悖论"研究综述——从专利竞赛到专利组合竞赛. 外国经济与管理，(4)：10-14.

刘林青，谭力文，赵浩兴. 2006. 专利丛林、专利组合和专利联盟——从专利战略到专利群战略．研究与发展管理，（4）：83-89．

刘林青，夏清华．2006．复杂产品系统背景下的专利战略基本逻辑研究．外国经济与管理，28（9）：8-14．

刘霞．2009．产业集群协同演进研究：以温州鞋业集群为例．科学学与科学技术管理，（10）：53-58．

栾春娟，曾国屏．2009．技术前沿和技术体系发展趋势的一个比较研究．特区经济，（8）：283-285．

罗伯特·S 卡普兰，戴维·P. 诺顿．2006．组织协同：运用平衡计分卡创造企业合力．博意门咨询公司译．北京：商务印书馆．

罗群辉，宁宣熙．2008．企业并购整合中的协同效应研究．世界经济与政治论坛，(5)：92-97．

罗艳，徐福缘．2003．基于智能自主体的供需网环境下企业动态结构研究．计算机工程与应用，（21）：14-16．

马克·L 赛罗沃．2001．协同效应的陷阱：公司并购中如何避免功亏一篑．杨炯译．上海：上海远东出版社．

迈克尔·波特．1997．竞争优势．陈小悦译．北京：华夏出版社．

倪明．2006．SDN 企业实施 MC 的信息化模型设计及应用研究．上海：上海理工大学博士学位论文．

潘开灵，白烈湖．2006a．管理协同理论及其应用．北京：经济管理出版社．

潘开灵，白列湖．2006b．管理协同机制研究．系统科学学报，（1）：45-48．

祁连，顾新建，张涛等．2001．企业建模框架的比较．系统工程理论与实践，（9）：16-21．

任声策．2007．专利联盟中企业的专利战略研究．上海：上海交通大学博士学位论文：20-35．

任声策，宣国良．2006．专利联盟中的组织学习与技术能力提升．科学学与科学技术管理，（9）：96-102．

桑赓陶．2004．把握市场、产品和技术的动态匹配．研究与发展管理，16（6）：35-41．

孙纯怡．2003．多功能开放型企业供需网的机理、应用及其支持系统研究．上海：上海理工大学硕士学位论文．

孙涛涛，金碧辉．2008．关键技术挖掘与企业技术竞争情报．图书情报工作，52（5）：

129-132.

唐卫宁，徐福缘．2006．多功能开放型企业供需网与大批量定制的整合研究．科技进步与对策，(10)：17-20.

唐卫宁，徐福缘．2007a．基于综合集成研讨厅的供需网管理研究．情报杂志，(12)：93-96.

唐卫宁，徐福缘．2007b．大批量定制合作伙伴的小波网络综合评价方法．计算机集成制造系统，(02)：400-404.

唐卫宁，徐福缘．2008．基于语义网的供需网知识协同．微电子学与计算机，(11)：97-100.

王传民．2006．县域经济产业协同发展模式研究．北京：中国经济出版社．

王黎萤，陈劲，杨幽红．2005．技术标准战略、知识产权战略与技术创新协同发展关系研究．科学学与科学技术管理，(1)：31-34.

王谦．2006．中国企业跨国并购协同问题研究．北京：经济科学出版社．

王先林．2001．知识产权滥用的反垄断问题研究．北京：法律出版社．

王宪云，徐福缘．2010．基于系统思考的企业专利战略研究．科技与管理，(1)：28-31.

王宪云，徐福缘．2011a．韩国三星的知识产权战略及对我国企业的启示．学术交流，(3)：93-96.

王宪云，徐福缘．2011b．实行专利资源协同管理，提升技术水平．经营与管理，(3)：62-63.

王玉梅．2010．复合DEA方法的知识创新联盟系统协同发展评价．中国科技论坛，(8)：26-31.

王自强．2005．管理协同的核心要素．经济理论与经济管理，(3)：50-51.

魏遥．2009．产融集团系统发展的协同问题研究．上海：上海理工大学博士学位论文．

席西民，韩巍，尚玉钒．2003．面向复杂性：和谐管理的概念、原则及框架．管理科学学报，6(4)：1-8.

席西民，尚玉钒．2002．和谐管理理论．北京：中国人民大学出版社．

谢作渺，彭娟娟．2006．三星技术创新的经验及启示．科学管理研究，(4)：117-120.

徐福缘，何静，林凤等．2007．多功能开放型企业供需网及其支持系统研究：国家自然科学基金项目(70072020)回溯．管理学报，4(4)：379-383.

徐福缘，徐琪，冯锋．2004．开放多Agent企业供需网协同过程研究．微电子学与计算机，21(4)：92-96.

徐河杭，顾新建，祁国宁等．2009．企业协同专利分析平台．浙江大学学报（工学版），(10)：1853-1857．

徐琪，徐福缘．2003．多 Agent 企业供需网协调管理机制研究．上海理工大学学报，25（4）：330-335．

徐琪，徐福缘．2004．企业供需网及其协同管理．科学学与科学技术管理，(2)：141-144．

徐琪，徐福缘，Qiu R. 2004．基于智能主体的供需网协作技术．计算机应用，24（3）：117-120．

徐倩倩．2010．基于供需网视角的胶东半岛制造业基地建设研究．山东：山东理工大学硕士学位论文．

姚卫新．2010．不缺货情形下基于第三方物流的供应链协同补货模型研究．预测，(5)：63-67．

游训策．2008．专利联盟的运作机理与模式研究．武汉：武汉理工大学博士学位论文：14-17．

曾健，张一方．2000．社会协同学．北京：科学出版社．

张平，马骁．2002．标准化与知识产权战略．北京：知识产权出版社．

张文莉．2007．专利联盟许可行为的博弈分析．运筹与管理，(4)：153-156．

张新红．2004．基于小波网络的管理信息系统多指标综合评价方法．运筹与管理，13（6）：87-89．

赵广华．2010．产业集群供应链协同管理体系构建．科技进步与对策，(18)：53-56．

赵涛．2006．管理学常用方法．天津：天津大学出版社．

周建松．2005．民营经济与地方商业银行协同发展．金融研究，(5)：111-119．

周琳．2006．企业并购中的资源协同机理研究．北京：北京交通大学博士学位论文．

周小春，李善民．2008．并购价值创造的影响因素研究．管理世界，(5)：134-143．

朱振中，吴宗杰．2007．专利联盟的竞争分析．科学学研究，(1)：76-81．

邹辉霞．2007．供应链协同管理理论与方法．北京：北京大学出版社．

Badaraco J L. 2000. 联盟管理//安德鲁．坎贝尔．战略协同．任通海等译．北京：机械工业出版社：260-282．

Clorke C J, Brennan K. 2000. 四分类组合分析法//安德鲁．坎贝尔．战略协同．任通海等译．北京：机械工业出版社：158-176．

Prahalad C K, Doz Y L. 2000. 评价企业间的相互依存关系//安德鲁．坎贝尔．战略协同. 任通海等译. 北京：机械工业出版社：138-157.

Ansoff H I. 1987. Corporate Strategy: An Analytic Approach to Bussiness Policy for Growth and Expansion. New York: Penguin Books.

Barney J B. 1986. Strategic factor markets. Management Science, 32 (10): 1231-1241.

Barney J B. 1991. Firm resources and sustained competitive advantage. Journal of Management, 17 (1): 99-120.

Barney J B. 1992. Integrating organizational behavior and strategy formulation researeh: a resource based analysis. Advances in Strategic Management, (8): 39-61.

Brenner S. 2009. Optimal formation rules for patent pools. Economic Theory, 40 (3): 373-388.

Choi T Y, Dooley K J, Rungtusanatham M. 2001. Supply networks and complex adaptive systems: control versus emergence. Journal of Operations Management, (19): 351-366.

Daim T U, Rueda G, Martin H, et al. 2006. Forecasting emerging technologies: use of bibliometrics and patent analysis. Technological Forecasting and Social Change, 73 (8): 981-1012.

Deepak S, David J T. 2001. Combining Patented Inventions in Multi-Invention Products: Transnational Challenges and Organizational Choices. University of Maryland and University of California at Berkeley: Working Paper.

Dierickx I, Cool. K 1989. Asset stock accumulation and the sustainability of competitive advantage. Management Science, 35 (12): 1504-1511.

ESPRIT Consortium AMICE. 1993. CIMOSA: Open System Architecture for CIM. Berlin: Springer-Verlag.

Fisher M L. 1997. What is the supply chain for your product. Harvard Business Review, 75 (2): 105-106.

Forrester J W. 1958. Industrial dynamics: a major breakthrough for decision makers. Harvard Business Review, 36 (7-8): 1022-1045.

Gulati R, Nohria N, Zaheer A. 2000. Strategic networks. Strategic Management Journal, (21): 203-215.

Haken H. 1988. Information and Self-organization: a Macroscopic Approach to Complex System. Berlin: Springer-Verlag.

Itami H, Thomas R H. 1987. Mobilizing Invisible Assets. Mass: Harvard University Press.

Josh L, Jean T. 2002. Efficient Patent Pools. NBER Working Paper.

Kim Y G, Suh J H, Park S C. 2008. Visualization of patent analysis for emerging technology. Expert Systems with Applications, 34: 1804-1812.

Kline S, Rosenberg N. 1986. An overview of innovation. In: Landon R, Rosenberg N. The Positive Sum Strategy. Washington D C: The National Academy Press.

Layne-Farrar A, Lerner J. 2008. To Join Or Not To Join: Examining Patent Pool Participation and Rent Sharing rules. Harvard University: Working Paper.

Lee H P, Padmanbhan V, Whang S. 1997. Information distortion in a supply chain: the bullwhip effect. Management Science, 43 (4): 546-558.

Lerner J, Strojwas M, Tirole J. 2002. The Structure and Performance of Patent Pools: Empirical Evidence. NBER Working Paper.

Merges R P, Nelson R R. 1990. On the complexe economics of patent scope. Columbia Law Review, (4): 39-91.

Merges R P. 1999. Institutions for Intellectual Property Transactions: The Case of Patent Pools. Boalt Hall School of Law, University of California at Berkeley: Working Paper.

Michael A H, Rebecca S E. 1998. Can patents deter innovation? The anticommons in biomedical research. Science, 280 (5364): 698-701.

Michael A H. 1998. The tragedy of the anticommon: property in the transition from marx to markets. Harvard Law Review, 111 (3): 622-688.

Michael A H. 1999. The boundaries of private property. The Yale Law Journal, 108 (6): 1163-1225.

Mikhailov L. 2002. Fuzzy analytical approach to partnership selection in formation of virtual enterprise. Omega, 30 (5): 393-401.

Miller D, Shamsie J. 1996. The Resource based view of the firm in two environments: the hollywood film studio from 1936 to 1965. Academy of Management Journal, 39 (3): 519-543.

Mowery D C, Oxley J E, Silverman B S. 1996. Strategic alliance and interfirm knowledge transfer. Strategy Management Journal, (17): 77-91.

Penrose E T. 1959. The Theory of the Growth of the Firm. Oxford: Oxford University Press.

Porter M E. 1985. Competitive Advantage. New York: The Free Press.

Prahalad C K, Hamel G. 1990. The core competence of the corporation. Harvard Business Review, 66 (1): 79-91.

Richard J G. 2004. Antitrust for patent pools: a century of policy evolution. Stanford Technology Law Review, available at http://stlr.stanford.edu/pdf/gilbert-patent-pools.pdf.

Robert P M. 1999. Institutions for intellectual property transactions: the ease of Patent Pools. School of Law, University of California at Berkeley. Working Paper Series.

Rumelt R P. 1984. Towards a strategic theory of the firm. In: Lamb R B. Competitive Strategic management. Englewood Cliffs, New Jersey: Prentice-Hall.

Shapiro C. 2001. Navigating the patent thicket: cross licenses, patent pools, and standard-setting. Innovation Policy and the Economy, (1): 119-150.

Sirkka L J, Blake I. 1994. The global network organization of the future: information management opportunities and challenges. Journal of Management Information Systems, 10 (4): 25-57.

Sirower M L. 1997. The Synergy Trap: How Companies Lose the Acquisition Game? New York: The Free Press.

Soo Von-Wun, et al. 2006. A cooperative multi-agent platform for invention based on patent document analysis and ontology. Expert Systems with Applications, 31 (4): 766-775.

Trappey A J C, Hsu F C, Trappey C V, et al. 2006. Development of a patent document classification and search platform using a back-propagation network. . Expert Systems with Applications, 31 (4): 755-765.

Tseng Y H, Lin C J, Lin Y L. 2007. Text mining techniques for patent analysis. Information Processing & Management, 43 (5): 1216-1247.

Wagner P R, Parchomovsky G. 2000. Patent Portfolios. SSRN Working Papers.

Wernerfelt B. 1984. A resource-based view of the firm. Strategic Management Journal, (5): 171-180.

Yeh R T. 1991. A commonsense management model. IEEE Software, 8 (6): 23-33.

Zachman J A. 1999. A framework for information systems architecture. IBM Systems Journal, 38 (2/3): 454-470.